基于**深度学习**的
图像去雾技术

祁 清◎著

河海大学出版社
HOHAI UNIVERSITY PRESS
·南京·

图书在版编目(CIP)数据

基于深度学习的图像去模糊技术 / 祁清著. -- 南京：
河海大学出版社，2023.9
ISBN 978-7-5630-8368-8

Ⅰ. ①基… Ⅱ. ①祁… Ⅲ. ①图像恢复—研究 Ⅳ.
①TN911.73

中国国家版本馆 CIP 数据核字(2023)第 180540 号

书　　名	基于深度学习的图像去模糊技术
书　　号	ISBN 978-7-5630-8368-8
责任编辑	杜文渊
特约校对	李　浪　杜彩平
装帧设计	徐娟娟
出版发行	河海大学出版社
地　　址	南京市西康路 1 号(邮编:210098)
电　　话	(025)83737852(总编室)　(025)83722833(营销部)
经　　销	江苏省新华发行集团有限公司
排　　版	南京布克文化发展有限公司
印　　刷	广东虎彩云印刷有限公司
开　　本	718 毫米×1000 毫米　1/16
印　　张	11.75
字　　数	205 千字
版　　次	2023 年 9 月第 1 版
印　　次	2023 年 9 月第 1 次印刷
定　　价	78.00 元

数字图像在日常生活和科学研究中不可或缺、无处不在。随着智能科技和成像设备的快速发展与普及,人们通过图像这种可以承载巨大信息量的载体记录工作和生活中的重要时刻。然而,拍摄的图像会因曝光过程中物体运动、相机抖动等原因产生模糊。图像去模糊是计算机视觉任务领域中一个基础而极具挑战性的任务,其目的是从已知的模糊退化的图像中恢复原本的画面,提升视觉效果并为高级别的计算机视觉任务提供明确的语义内容和清晰的细节信息。近年来,深度学习在图像去模糊的研究中获得了广泛应用,图像去模糊技术也获得了长足的发展。

本书对图像去模糊技术进行了研究,致力于恢复图像的内容和细节,主要工作包括以下几个方面:

将图像去模糊处理视为模糊图像和清晰图像之间的跨域映射学习,以生成对抗网络理论为基础,结合模糊图像的特性,提出了基于两阶段特征增强网络的图像去模糊方法。该方法以纯数据驱动的学习方式直接输出去模糊图像,而不会引入模糊核估计与非盲去卷积运算产生的累计误差。通过构建包括图像编解码及增强模块的两阶段的生成网络,促进了网络构建高阶残差函数和复杂特征的能力,使得网络处理得到的图像在清晰度方面获得了提升。

提出基于感知特征和多尺度网络的图像去模糊方法。通过多尺度的生成网络提取图像不同尺度的特征,提高网络的特征表达能力。此外,将图像的感知特征作为全局先验,从图像的内容、结构和细节等维度入手,引入多个目标损失函数约束网络的优化,使得生成的图像具有显著的结构和良好的视觉效果。

现有的图像去模糊方法通过局部感受野获取图像的特征并建模图像模糊的本质,然而代表图像整体数据分布的非局部特征没有被考虑。为了解决这一局限,结合图像的局部和非局部特征,考虑图像全局空间的依赖性和局部感受野内的邻域空间关系,提出了一种基于注意力机制的图像去模糊方法,该方法通过直接构建通道、像素、尺度之间的相互依赖关系,提升网络对复杂特征学习的能力,得到高质量的恢复图像。

现有的基于生成对抗网络的去模糊方法大多只注重设计生成网络的结构和目标损失函数,而仅对图像内容的判别不能使判别网络生成边缘显著和细节良好的去模糊图像。为了解决这个问题,提出了一种基于图像边缘判别与部分权值共享的图像去模糊方法。该方法以图像边缘特征作为先验信息,在生成网络和判别网络的学习过程中分别引入图像梯度目标损失函数和图像边缘判别目标损失函数,使得整个网络能够判别地学习图像的边缘信息。此外,还提出了一个基于部分权值共享的网络结构,该结构通过共享清晰图像和模糊图像的特征解码过程,为图像的细节恢复提供清晰特征,这使得恢复的图像具有良好的细节。

本书涉及内容广泛,由于作者学识有限,书中难免存在疏漏和不足之处,恳请广大读者批评指正。

目录

CONTENTS

第1章

绪 论

1.1 研究背景及意义

随着科学技术水平的日益进步,携带摄像头的移动终端获得了快速的发展和普及,使得人们更容易拍摄不同场景内的目标,并获取包含丰富信息的图像。然而,在相机的成像过程中,相机抖动、物体运动等因素会导致图像模糊退化、细节丢失。例如,在成像过程中由于相机运动造成的均匀模糊;相机旋转运动等原因引起的非均匀模糊;在相机拍摄过程中运动的物体引起的运动模糊。这些因素会阻碍人们对图像的深度解读以及后续图像处理操作。图1-1是模糊退化图像示例。

图1-1 模糊退化图像

由图1-1可以看出,模糊退化的图像大多具有清晰度低、内容模糊等问题。这类图像难以直接应用于图像分割、图像识别等方面,给实际应用和科学研究带来了困难。图像去模糊的目的是为了从模糊的输入图像中恢复出清晰的图像,使其符合人眼的视觉感受和具体任务中机器识别的需要,图像去模糊是能够应用于实际工程和科学研究的重要预处理过程。因此,开展图像去模糊的研究具有重要的价值和意义。本书主要研究由相机抖动或者物体运动造成的模糊图像的去模糊问题。

图像去模糊作为计算机视觉领域中的一个基本问题,受到了学术界和工业界的持续广泛关注。图像去模糊方法一般有两大类,一类是通过稳定器等硬件设备改善拍摄条件,另一类是通过软件技术实现图像去模糊。第一类方法对硬件设备的要求较高,成本较大。相比其他依靠复杂设备的方法,利用计算机视觉技术从模糊图像中恢复出高质量的去模糊图像的方法克服了高成本技术的局限,具有低成本、易操作的优势,随着计算机运算能力的日益增强,其具有广阔的发展前景。

高质量的清晰图像不仅为人们呈现良好的视觉效果,而且在实际应用中具有重要的价值。图像去模糊的应用大致包括以下几个方面:

(1) 遥感图像方面

无人驾驶飞行器(无人机)代表了一种快速发展的技术,其作为各种科学领域的遥感工具而获得关注。与传统的飞机或卫星平台相比,它具有低成本飞行任务的优势,并已经成为获取高分辨率遥感图像的重要手段。由于大多数无人机的空间光学成像系统在工作时受到气流的影响而产生振动,这些振动引起的光轴运动和图像平面抖动,导致由无人机拍摄的图像产生模糊。清晰的遥感图像保留了图像中的重要特征和细节信息,保证了地质勘探、军事侦察等活动的顺利开展。

(2) 医学超声图像方面

超声波是一种频率超过 20 千赫兹的声波,高于人类的可听范围。超声波与组织通过反射、折射、散射和衰减等方式相互作用。其中一些相互作用会以噪音的形式降低超声波的强度。图像模糊是超声图像的一种失真形式。模糊核类似一个低通滤波器,它导致图像大量高频细节消失,这对进一步观察医学超声图像中的细节信息造成了阻碍。模糊图像的分析通常首先是通过对图像进行去模糊处理,然后应用标准方法进行进一步分析。因此,为了提取模糊图像中的关键信息,医学超声图像的去模糊操作显得尤为重要。

(3) 交通监控方面

随着汽车工业的快速发展和车辆数量的增加,交通安全和管理问题越来越突出。为了提高道路交通的效率,保证驾驶员和车辆的安全,实现智慧城市和智能交通,车辆之间的互联已经成为关键技术之一。因此,研究人员提出了车联网(Internet of Vehicle)技术。在车联网技术中,车辆、道路和人员的信息可以通过雷达和摄像头等传感器收集,实现对道路交通状况的实时监控,监测车辆和行人信息,并利用通信技术与其他车辆共享信息,建立车—路、车—人、车—车之间的联系,以保证交通的安全运行。在所有的数据采集技术中,计算机视觉技术在成本、交互性和安全性方面比其他技术更具优势,这引起了研究人员的关注。

从图像中提取包含交通信息的语义内容,在车联网中发挥着越来越重要的作用。然而,车辆的高速运动,使得图像在采集过程中会出现模糊的现象,如图 1-2 所示。这些问题对从交通图像中提取关键信息造成了障碍,将影响到车辆控制系统对路况的实时判断,并进一步造成系统的决策失误,甚至导致交通事故发生。此外,具有清晰的语义内容和丰富的细节信息的图像,可以为案件的侦破、肇事车辆车牌信息的确认、嫌疑人身份的确定提供更多的帮助。

**图 1-2   相机运动使得拍摄到的包含车牌信息的图像产生了模糊,
这对从此图像中提取关键信息造成了障碍**

1.2   图像去模糊方法的国内外研究现状

近些年来,研究人员提出了大量的图像去模糊方法。本书根据研究方法,将图像去模糊方法分为基于传统方法的和基于深度学习的图像去模糊方法。基于深度学习的方法包括基于卷积神经网络(Convolutional Neural Networks,CNN)的图像去模糊方法和基于生成对抗网络(Generative Adversarial Networks,GAN)的图像去模糊方法。下面分别对这些方法进行介绍和分析。

1.2.1 基于传统图像处理的图像去模糊方法

图像去模糊是从已知的模糊图像中恢复出清晰图像,非深度学习的图像去模糊方法通常将该任务表述为一个逆滤波问题,模糊图像被建模为清晰图像与模糊核的卷积结果。根据模糊核是否已知,可以将基于传统图像处理的图像去模糊方法分为非盲图像去模糊方法和盲图像去模糊方法。

非盲图像去模糊方法:图像去模糊化的目标是从一个给定的模糊图像中恢复潜在图像。如果给定了模糊的内核,这个问题也被称为非盲目去模糊。即使模糊核是已知的,但由于相机传感器的噪声的引入和图像高频信息的损失,这个问题仍然具有挑战性。一些早期的非盲图像去模糊方法,采用经典的图像解卷积算法,如 Lucy-Richardson 和 Wiener 去卷积算法。后续的非盲图像去模糊方法采用全局或局部的图像先验信息,在时域或频域中完成图像去模糊,移除由图像噪声引起的伪影。

盲图像去模糊方法:盲图像去模糊方法假设模糊核是未知的,需要同时恢复清晰图像和模糊核。由于图像去模糊问题具有高度病态的(Ill-Posed)特性,需要设计先验信息约束图像恢复过程。早期的盲图像去模糊的方法一般假设模糊核是时不变的、均匀的,通过观察清晰图像的数据统计分布,在有限的图像中手动提取特征并作为先验信息约束图像的恢复。然而,真实的模糊图像通常是时变的,其模糊核是非均匀的,在同一图像中的不同区域是由不同的模糊核产生的。许多研究人员陆续地提出图像去模糊算法用以解决非均匀模糊的问题。图像去模糊算法通过对三维摄像机运动的模糊内核进行建模,使得模糊核逼近真实的轨迹。尽管这些方法可以模拟平面外的相机抖动,但它们不能处理动态模糊场景,于是提出了运动物体的模糊场概念。最近几年来,一些研究人员提出基于深度学习的方法解决动态场景的去模糊问题。

虽然,传统图像去模糊在某些情况下表现出良好的性能,但它们对于更复杂的场景表现不佳,如强烈的运动模糊。其局限性包括以下几点:(1)由于真实的模糊图像通常是稀疏和时变的,简单假设的线性模糊核不能揭示图像模糊的本质;(2)估计模糊核这一过程对噪声十分敏感,错误估计的模糊核会使去模糊图像求解产生偏差;(3)对真实场景中的每个像素寻找空间变化的模糊核,需要大量的计算和内存,并且这种做法的可行性较低;(4)对于特定类型的图像去模糊问题需要专门设计先验信息,因而这类方法在通用性方面受到了限制。

1.2.2　基于 CNN 的图像去模糊方法

深度学习的概念自被提出以来就在众多计算机视觉领域中得到应用,它可以直接从海量的数据中学习复杂的特征映射,揭示数据的本质,达到解决问题的目的。针对运动模糊问题,本书拟借助深度学习从样本数据中学习模糊图像和清晰图像之间的非线性映射关系,为图像去模糊问题提供更强有力、更通用的解决方案。本书根据深度学习网络模型的搭建过程中是否涉及模糊的估计,将基于 CNN 的图像去模糊方法分为包含模糊核估计方法和不包含模糊核估计方法。

包含模糊核估计的方法:CNN 因其极强的特征提取能力在图像去模糊任务中得到充分的应用。Schuler 等和 Xu 等根据传统图像处理方法的图像去模糊过程,即估计模糊核以及采用非盲去卷积运算得到去模糊图像,采用多个 CNN 分别实现提取图像特征、模糊核估计和去模糊图像重建的过程。这两种方法利用了传统方法和 CNN 的优点,但是这种分段去模糊方法会产生累计误差,从而导致恢复的图像细节模糊。Chakrabarti 通过构建 CNN 估计每个模糊图像块的傅里叶系数,然后从恢复后的图像块中估计全局模糊核。Sun 等和 Gong 等利用 CNN 估计非均匀的模糊核,这两种方法只描述局部线性模糊,并且由于算法涉及非盲去卷积算法计算去模糊图像,导致算法计算量较大、实时性较差。Li 等和 Ren 等进一步结合传统图像处理方法和 CNN 的优势,实现图像去模糊。Li 等首先训练一个表示输入图像清晰与否的二分类网络,然后,将分类的结果作为先验信息,嵌入到图像去模糊框架中实现图像去模糊。Ren 等则设计了两种用于学习清晰图像和模糊核先验的网络,以及一种无约束的图像去卷积神经优化方法。Shen 等提出一个基于图像语义特征 CNN 的图像去模糊方法,此算法将高度抽象的图像语义信息作为先验约束网络模型的训练,但由于该方法实现图像去模糊需要完成两个子网的训练,因此网络训练难度较大。

这一阶段的图像去模糊方法,它们或者构建多个卷积神经子网的方式实现模糊核估计以及非盲去卷积,从而得到去模糊图像;或者利用 CNN 估计图像模糊核的信息,再采用去卷积算法得到去模糊图像。然而,这些算法大多先求解模糊核,再进行非盲去卷积操作。并且通过 CNN 估计的模糊核大多只局限于局部线性模糊,不能很好地揭示图像模糊的本质。

无模糊核估计的图像去模糊方法：为克服上述算法的局限性，研究人员进一步提出了端对端的学习方式，以直接构建模糊图像和清晰图像之间的内在联系。Hradiš 等提出一个用于解决文本图像去模糊的 CNN，网络模型通过端到端的学习方式，从模糊图像中直接恢复清晰图像，避免了模糊核估计的偏差对后续的非盲解卷积运算带来的影响。然而，网络的模型结构和参数的确定需要仔细调试。

基于残差连接的图像去模糊方法：扩大网络的感受野（Receptive Fields）是提升深度网络能力和图像去模糊算法性能的重要手段。然而，过深的网络结构会在优化训练和网络收敛等方面带来困难。He 等提出的残差网络（Residual Neural Network，ResNet），能够在有效阻止神经网络过深的同时，优化训练出现的梯度爆炸（Gradient Explosion）或梯度消失（Gradient Vanishing）的现象。后续的研究人员提出了基于局部残差连接的卷积块，有助于减轻梯度消失的影响。此外，还在网络的输入层和输出层之间进行全局残差连接，使得输入图像的语义信息能够指引网络生成去模糊图像，而不偏离目标域（Target Domain）。

基于稠密连接的图像去模糊方法：由于过深的网络不利于优化训练，并对计算机的硬件配置提出了更高的要求。更重要的是，网络浅层和深层的特征之间应该建立的连接被忽略。随着卷积神经网络的层数不断地增长，网络学习到更抽象的特征，而忽略了网络浅层学习到的具象特征。因为这一原因，图像去模糊方法将稠密连接卷积块引入到深度网络模型的搭建中。与基于残差连接的网络模型不同的是，处于稠密连接卷积块中的某个卷积层，不仅与其之前的卷积层建立了稠密连接，还与其之后的卷积层进行连接，很好地将网络学习的浅层和深层特征进行了强化连接。这种稠密连接的模块，在所有的卷积层之间加强了特征传播，鼓励特征复用。

基于多尺度网络模型的图像去模糊方法：基于此，Nah 等人将传统图像去模糊方法中的多尺度的图像去模糊策略，引入到深度神经网络的设计中。这在一定程度上减缓了网络结构在优化训练和收敛方面的困难，也使得网络结构的设计更有依据。虽然多尺度网络通过分而治之的方式降低了图像去模糊问题的难度，然而此模型的多个尺度之间的权重参数相互独立，各尺度权值参数的变化会影响网络训练的稳定性，并且网络的每个尺度只处理当前分辨率的图像，这种学习方式会引起网络对特定分辨率图像的过拟合问题。此外，权值独立的多尺度模型的搭建,不可避免地产生了模型参数过多的问题。Tao 等在 Nah 等的基础上提出了一个参数共享的多尺度 CNN,该网络利用多尺度间权值参数的依赖性,一方面可以减少网络模型的参数,稳定网络训练,加速网络收敛;另一方面,利用各尺度间权重的依赖关系,使网络更好地学习图像的特征,起到数据增强的作用。为了学习高维度的特征表示,Gao 等提出了一种基于选择性参数共享和嵌套跳变连接的图像去模糊方法,其嵌套跳变连接可有效促进网络对高阶非线性特征的学习,提高了去模糊图像的细节信息。Zhang 等认为采用多尺度网络结构来增加模型的深度并不能提高去模糊图像的质量,并且多尺度的上采样操作会导致较长的运行时间,因此基于空间金字塔匹配的思想,提出一种深度层级多块网络的图像去模糊方法。

传统图像去模糊方法对基于深度学习去模糊方法仍然具有指导意义,去模糊算法的性能因此获得了增益。然而,基于 CNN 的图像去模糊算法,却没有考虑模糊图像和清晰图像这两类图像域之间的语义信息。

1.2.3　基于 GAN 的图像去模糊方法

GAN 是由蒙特利尔大学 Ian Goodfellow 在 2014 年提出的机器学习架构,框架中同时训练两个模型:捕获数据分布的生成网络 G(Generative Subnetwork)和估计样本来自训练数据的概率的判别网络 D(Discriminative Subnetwork)。G 的训练程序是将 D 错误的概率最大化。近年来,GAN 在图像去模糊任务中也得到了很好的应用。Kupyn 等提出了基于条件生成对抗网络的图像去模糊方法 DeblurGAN,他们以 pix2pix 作为网络基础结构,通过增加残差块以及跳变连接,提出了将感知损失用于约束生成图像和清晰图像在高维特征响应上的一致性,使得去模糊图像与清晰图像具有一致的语义信息。

2019 年,Kupyn 等提出了 DeblurGAN-v2,其根据网络性能和实时处理的需求分别训练了三个网络,以自顶向底和自底向顶结构的 FPN(Feature Pyramid Network)作为网络的主要结构,其中自底向顶的结构可以提取和压缩丰富的图像上下文信息,而自顶向底的结构则用于恢复高质量的图像。相比于 DeblurGAN,DeblurGAN-v2 具有更简单的网络结构,更少的测试时间,且能够获得更好的去模糊效果。

受图像风格转换网络 CycleGAN 的启发,Nimisha 等提出面向特定类图像的基于弱监督训练的去模糊方法。需要说明的是,无监督网络 CycleGAN 是为特定的领域转换任务而设计的,如"斑马—马"、"白天—晚上"等,这些领域的转换大多具有明确的定义。然而,对于图像去模糊任务,图像从模糊域到清晰域的转换是一个多对一的映射;根据模糊的范围和性质,图像从清晰域到模糊域的转换是一个一对多的映射。因此,很难用现有的 GAN 网络结构捕获特定先验。此外,这些网络的基本思想是使用两个 GAN 来学习,但 GAN 的训练是不稳定的,同时训练两个 GAN 会突显网络训练稳定性以及收敛的问题。Nimisha 等使用 CNN 代替 GAN 实现图像从清晰域(GAN 的输出)到模糊域的学习,一方面,可以一定程度上克服 GAN 训练不稳定的问题,另一方面,可以利用模糊数据自身指导网络对图像内容、颜色和结构的学习。

此外,Li 等提出基于弱监督训练的图像去模糊方法。具体来说,此方法主要包括两个阶段。第一阶段,利用清晰图像辅助预测模糊图像的密集流场(Dense Flow Fields),在训练过程中采用标志目标损失函数、总变分目标损失函数正则网络的训练。第二阶段,将模糊图像和经过密集流场学习得到的图像输入到图像重建子网中,得到去模糊图像。

这一阶段的图像去模糊方法采用纯数据驱动的学习方式,直接学习模糊图像和清晰图像之间的非线性映射关系。这些算法提出的网络大多捕捉的是图像的低维度特征,没有考虑复杂的高维度特征表示是否能对图像去模糊的性能产生增益;或者图像去模糊的模型构建过程局限于通过感受野获取图像的特征表示,而没有考虑表征图像的非局部特征;或者仅限于设计生成网络的结构和目标损失函数实现图像的去模糊,判别网络除了对图像内容进行判别外,没有实现对图像其他特征的判别,去模糊图像无论在图像结构还是在细节方面都存在着较大的提升空间。

1.2.4 图像去模糊数据集的制作

深度学习网络模型受益于海量样本数据中提取的特征。然而,真实成对的模糊图像(同一场景同一位置拍摄的模糊图像与清晰图像)较难收集。所提网络采用 GOPRO 标准数据集、Köhler 标准数据集、Lai 等提出的数据集以及 Su 等采集的视频序列完成模型的训练和测试。为了训练网络模型,选择 GOPRO 数据集的训练集进行训练,并将训练集中图像随机裁剪为 256×256 的大小,这种训练方式可以起到数据增强的作用。由于 Köhler 标准数据集和 Lai 等提出的数据集包含的样本数据较少,因而将其作为测试集评价模型的性能。此外,进一步采用 Su 等采集的视频序列(没有对应的清晰图像)测试所提方法的有效性。下面对这四个数据集进行详细介绍。

1.2.4.1 GOPRO 数据集

GOPRO 数据集是由 Nah 等在 2017 年提出的用于解决图像去模糊问题的标准数据集。数据集的视频序列是由 GOPRO4 Hero Black 相机以 240fps (Frames Per Seconds)的帧速拍摄得到的。

相机传感器在曝光过程中接收到光线,清晰的图像在曝光的每一时刻不断累积,可以获得模糊的图像。利用非线性相机响应函数(Camera Response Function,CRF)可以将传感器信号转换成离散的像素值。图像模糊的过程可以通过积累高速视频帧的信号来模拟。模糊建模的过程如式(1-1)所示:

$$B = g\Big(\frac{1}{T}\int_{t=0}^{T} S(t)\mathrm{d}t\Big) \simeq g\Big(\frac{1}{M}\sum_{i=0}^{M-1} S[i]\Big) \tag{1-1}$$

其中,T 和 $S(t)$ 分别表示曝光时间和 t 时刻清晰图像的传感器信号。M 和 $S[i]$ 分别表示视频帧的数目和曝光时间内捕捉的第 i 个清晰的帧信号。如式(1-2)所示,g 表示 CRF 函数将清晰的传感器信号 $S(t)$ 映射到可观测的图像 $\hat{S}(t)$,使得 $\hat{S}(t) = g(S(t))$ 或 $\hat{S}(i) = g(S[i])$。

$$g(x) = x^{\frac{1}{\gamma}} \tag{1-2}$$

由于 CRF 函数和原始传感器信号均是未知的,Nah 等利用 $\gamma = 2.2$ 的 gamma 曲线更好地逼近 CRF 函数,并通过 $S[i] = g^{-1}(\hat{S}[i])$ 得到视频帧信号 $S[i]$,然后利用公式(1-2)可得到对应的模糊图像。

根据上述原理,Nah 等取 7~13 个连续的视频帧进行平均操作,产生不同强度的模糊图像。需要说明的是,每个模糊图像对应的清晰图像是清晰视频序列的中间帧。GOPRO 数据集由 3 214 对分辨率为 1 280×720 的模糊图像和清晰图像组成。其中,2 103 对图像对作为训练集,剩余的 1 111 对图像作为测试集。

以往的模糊图像大多假设特定的运动或者是设计复杂的模糊核,然后将模糊核与清晰图像进行卷积运算得到模糊图像。与之前的方法不同,Nah 等通过平均多个连续视频帧的方式得到模糊图像,模糊核的信息隐含在模糊图像中。图 1-3 给出了通过卷积运算与通过平均视频帧操作两种方式得到的模糊图像。

(a) 清晰图像　　　　(b) 合成得到的模糊图像　　　(c) 平均视频帧得到的模糊图像

图 1-3　通过合成方式与平均视频帧的方式得到的模糊图像

图 1-3 是 GOPRO 数据集中的一个样本，图像包括前景区域中运动的行人以及背景区域。在相机曝光成像过程中，行人的运动造成了捕捉图像中的模糊区域，而传统方法合成的模糊图像不能反映模糊图像时变的特性。

1.2.4.2　Köhler 标准数据集

Köhler 等在 2012 年提出了一个用于评估盲模糊算法的标准数据集。Köhler 等搭建用于记录六维相机运动轨迹的实验环境，他们记录并分析在机器人平台上回放的真实摄像机运动，通过采样六维相机运动的轨迹记录一系列的清晰照片。Köhler 数据集包括 4 张清晰图像，每一幅清晰的图像对应 12 张不同模糊程度的退化图像，数据集总计包括 48 张模糊图像。Köhler 数据集的示例如图 1-4 所示。

(a) 模糊图像

(b) 清晰图像

图 1-4　Köhler 数据集中的图像示例

1.2.4.3　Lai 标准数据集

Lai 等于 2016 年提出了用于评估图像去模糊方法有效性的数据集,包括 2 个合成数据集以及 1 个真实的模糊图像数据集。真实图像数据集中的图像涵盖自然图像、文本图像、人脸图像等。此外,还根据拍摄图像时的光线条件,将图像分为饱和图像(低光照的条件下拍摄的图像)和非饱和图像(正常光线下拍摄的图像)。由于真实数据集中没有对应的清晰图像,只能用于图像去模糊算法的主观对比实验。Lai 真实数据集中的模糊图像示例如图 1-5 所示。

图 1-5　Lai 数据集中的模糊图像示例

1.2.4.4　Su 标准视频序列

为了训练深度学习网络模型,需要两个内容完全相同的图像序列,即模糊图像序列和与之对应的清晰图像序列。一种解决方案是通过合成的方式获取数据,例如将假设的模糊核与清晰图像进行卷积运算得到模糊图像,但通常情况下合成的数据集不能反映模糊图像的本质。在真实模糊场景中,模糊不仅与相机运动有关,而且与场景深度和物体运动等因素有关,很难正确模拟。

Su 等通过高帧速捕捉真实的清晰视频,并通过累积短曝光的方式得到模糊的视频序列。为了模拟 30fps 的真实运动模糊,Su 等以 240fps 的速度捕捉视频,并且对每 8 个视频帧进行子采样,生成 30fps 的清晰视频。然后,对每 7 个视频帧进行平均操作,以目标帧速率合成运动模糊。

Su 等提出的训练集是采用 iPhone 6s、GoPro Hero 4 Black 和佳能 7D 等设备以 240fps 的速度拍摄得到的。使用多设备的原因是为了避免数据集倾向于某个特定的拍摄设备。测试使用的视频是通过其他设备拍摄的,具体包括 Nexus 5x、Moto X 手机和索尼 a6300 相机。Su 拍摄的视频序列中采样的视频帧示例如图 1-6 所示。

1.2.5　图像去模糊方法在特定类型图像上的应用

图像去模糊方法是计算机视觉领域的一个重要研究课题,在过去的数十年

图 1-6　Su 等拍摄的视频序列中采样得到的视频帧示例

中获得了巨大的进展,利用自然图像统计作为先验信息约束图像的恢复。许多经典的图像去模糊方法在包含足够强的梯度的图像上产生高质量的去模糊效果。尽管这些方法在自然图像方面取得了成功,但它们对于纹理少、边缘弱以及包含平滑区域的模糊图像,如在人脸图像、文本图像上呈现出较低的泛化性和较弱的鲁棒性。这主要是因为上述方法采用的梯度先验信息不能揭示文本图像、人脸图像模糊退化的原理。因此,需要专门设计特定的先验知识解决域特定的图像去模糊问题。

1.2.5.1　文本图像去模糊方法与数据集制作

自然图像去模糊与文本图像去模糊的区别如图 1-7 所示,其中图 1-7（a）的上下两行分别是清晰的自然图像和清晰的文本图像;图 1-7(b)是图 1-7 (a)的对数尺度梯度直方图;图 1-7 (c)是图 1-7(a)的梯度可视化图;图 1-7(d)是模糊后的自然图像和文本图像;图 1-7(e)利用自然图像先验对图 1-7(a)处理得到的结果。如图 1-7(b)所示,清晰的自然图像与文本图像的梯度直方图有着显著的差异。如图 1-7(a)所示,文本图像中文字笔画的长度基本一致并且较为密集,而自然图像的结构更为宏观和分散。因此,直接在文本图像上应用自然图像先验,将导致如图 1-7(e)所示的错误结果。

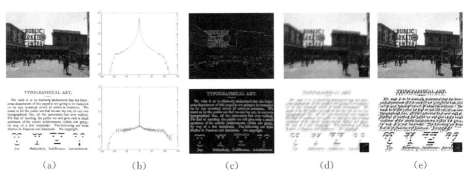

（a）　　　　　（b）　　　　　（c）　　　　　（d）　　　　　（e）

图 1-7　自然图像去模糊与文本图像去模糊

　　图像中的显著边缘通常被作为重要的先验信息用于图像去模糊,基于边缘的图像去模糊方法首先预测图像中显著的边缘,并以此估计模糊核。然而,如果模糊对象的尺度比模糊核小,则会对模糊核的估计产生误导。一种解决方案是忽略不重要的边缘,仅依靠显著的边缘信息估计模糊核。虽然这种策略可以很好地用于自然图像,但不能直接应用于文本图像去模糊,这是因为文本图像中的一个字符可以看作一个整体,而不能孤立地将文字中的笔划类比成图像的边缘。此外,文本字符通常很小,并且在空间上相互接近,在模糊核的估计中,字符的边缘会作为异常值被忽略。因此,需要对模糊文本图像设计专门的去模糊方法。

　　Li 等依据文档图像中黑色的前景文本和白色的背景区域,提出了一种基于黑白双色(Two-Tone)二值特性的图像去模糊算法。在这个假设下,可以通过调整阈值去除模糊程度较低的图像。然而,文本图像遭到严重模糊时,这种调节模糊核阈值的方法将无法获得清晰的文本图像。Chen 等提出了基于黑白文档的文本图像去模糊方法。该方法首先利用文本分割方法对输入的模糊图像进行文本检测,然后利用模糊图像与清晰图像的强度直方图之间的关系估计去模糊图像。然而,该方法使用的文本分割技术是基于阈值的,这不能很好地恢复严重模糊文本图像,将分割结果用于去模糊会引入伪影。此外,学习强度直方图之间的关系会受到训练数据集特征的限制,如模糊的严重程度、字体类型和文本颜色。

　　鉴于自然图像统计先验不能很好地用于文本图像去模糊,Cho 等提出一组专属于文本图像的属性:(1)文本字符通常与就近的背景区域有很高的对比度;(2)文本图像中每个字符都有统一的颜色,每个字符的梯度值接近于零;(3)除了基于黑白二值的文档图像,对于复杂背景的文本图像,背景区域服从自然图像梯度统计分布规律,并且是稀疏的。基于上述文字图像的属性,Cho 等提出了一种特定于文本图像的去模糊方法。具体来说,利用 SWT 将图像分割为文字区域和非文字区域,然后分别对文字区域和非文字区域的梯度分布进行建模。然而,这种方法对 SWT 的精度非常敏感,特别是经过模糊退化后密成一团的字符以及在有噪声的情况下 SWT 的检测精度较低。Cao 等提出了一种基于文本定位和字典学习的场景文本图像去模糊方法。首先,通过迭代文本定位方法获得较为准确的文本区域,然后分别提出文本多尺度字典和自然场景字典,对文本区域和自然场景区域的模糊退化过程进行建模,以这种方式迭代估计模糊核,最终得到去模糊后的文本图像。Pan等揭示了模糊文本图像和清晰文本图像的亮度存在显著差异。与模糊文本图像相比,清晰的文本图像包含更多黑色的文字,故像素强度域也可以作为文本图像去模糊的一个重要先验。因此,Pan 等提出了一种基于文本图像亮度和梯度先验的去模糊算法。然而,当文本图像中没有黑色文字时,该方法会退化成用于解决自然图像去模糊问题的基于亮度的 L0 正则化先验的算法。随着深度学习和 CNN 在计算机视觉领域中大放异彩,Hradiš 等首次构建了一个专门用于训练文本图像去模糊的数据集,提出一个用于解决文本图像去模糊的方法,通过搭建 CNN 网络模型,以端到端的学习方式,完成了从模糊图像到去模糊图像之间的映射学习。Qi 等提出了一个基于感知特征和多尺度网络的图像去模糊方法,并以文本图像为例进行优化训练,完成图像去模糊任务。一方面,将感知特征作为先验信息设置多个目标损失函数,优化网络的训练;另一方面,搭建多尺度生成网络捕捉不同的尺度特征,分而治之地实现图像去模糊。

图像去模糊方法在合成模糊文本图像数据集 Hradiš 上进行训练。训练数据集由散焦模糊和运动模糊图像组成,模糊核尺寸的大小为 $[5 \times 5, 21 \times 21]$。Hradiš 数据集的测试集包含 100 个文本图像,这些图像不仅包括文字,还包含数字、图表、公式等复杂的符号。为了数据增强以及防止网络过拟合,将模糊和清晰的文本图像随机裁剪为 256×256 的图像块,总计生成 60 万对按像素对齐的模糊文本图像和相应的清晰文本图像。此外,网络模型将数据集 Hradiš 的测试集以及数据集 Pan 作为测试集。具体来说,数据集 Pan 将 15 个清晰图像分别与方法中的 8 个模糊核进行卷积运算,得到 120 个模糊文本图像。图 1-8 给出了一些合成的模糊文本图像的示例。

图 1-8   文本图像训练样本示例

1.2.5.2 人脸图像去模糊方法与数据集制作

随着科技和生活的发展,人们可以通过配备摄像头的便携设备轻松拍摄包含人脸的相片。在 Snapchat 上分享的图片中有 74% 是自拍图片。含有人脸的照片在网络上无处不在,并在研究界受到广泛关注,多应用于人脸识别、人脸跟踪、人脸交换或面部情绪检测。由于在曝光过程中无意的物体运动或相机抖动,拍摄的人像很容易出现模糊的现象。许多先进的图像盲去模糊方法在包含足够多的梯度图像上产生高质量的去模糊结果。然而,这些去模糊方法通常在包含较少纹理和边缘的图像上,特别是人脸图像上效果不佳。因此,需要专门设计特定类别的先验知识,用于人脸图像去模糊任务。

Nishiyama 等构建了一个恒等不变的特征空间,该特征空间将具有相似模糊退化的图像进行聚类,然后实现基于图像集群的去模糊。尽管这个方法对合成人脸图像很有效,但对其他类型的图像去模糊的效果泛化性较低。Hacohen 等认为仅依靠梯度先验信息是不足以获得高质量的去模糊图像的,并提出了一种映射模糊图像与清晰图像之间对应关系的先验信息;同时,迭代地估计对应关系、模糊核和去模糊图像。该方法的核心依赖于具有类似图像内容的参考图像,而这限制了该方法的进一步应用。基于 Hacohen 等的方法,Pan 等提出一种基于样例搜索的人脸图像去模糊方法,假设被测模糊人脸图像的结构总是能与模糊人脸图像数据集中的图像匹配。在算法测试时,首先需要遍历样例中所有的图像,然后利用与模糊人脸图像相似的结构信息迭代地估计模糊核。然而,样例中的图像并不能遍历所有模糊人脸图像的轮廓,这影响了这项工作的实际应用。Hacohen 和 Pan 等人的方法已经从完全依靠手动提取特征的方式逐渐向基于样例图像搜索的方法过渡。这些方法虽然可以从有限的样例数据中获取先验信息,但这些方法并没有通过学习的方式获取清晰图像与模糊图像之间的非线性特征映射关系。Anwar 等提出了一个针对人脸图像的特定先验,该方法对于具有复杂背景的场景鲁棒性较弱。随着大规模人脸图像数据集的提出,基于学习方式的人脸图像去模糊方法成为可能。

Huang 等认识到了 Hacohen 等和 Pan 等方法的不足,提出在提取图像轮廓前先对人脸图像的各个部分(眼睛、鼻子、嘴、脸部轮廓)进行定位,这有效地替换了基于样例数据的人脸匹配操作。然而这种定位的方法,会在极端模糊的情况下失效。

Chrysos 等提出了一个改进的残差网络,以弱监督的方式去模糊人脸图像,该算法需要对人脸图像中的五官进行定位检测的预处理。Jin 等受图像超分辨率方法的启发,提出了一个通过扩大感受野的基于 CNN 的去模糊方法。通过实验观察发现,小的清晰图像块几乎没有显著的图像结构,相反,大的图像块会包含很强的结构约束。因此,可以通过增大网络的感受野的方式提升图像去模糊网络的性能增益。与采用空洞卷积网络等方法扩大感受野不同,Jin 等将重采样和卷积层结合起来增大网络的感受野。

Shen 等提出了一个基于图像语义特征 CNN 的人脸去模糊方法。人脸图像是高度结构化的,Shen 等将高度抽象的人脸语义图像作为先验正则图像去模糊网络的过程。首先,构建一个人脸语义图像分析网络,将模糊图像作为网络输入、语义图像作为标签,学习两者之间的对应关系。然后,提出了一个包括两个尺度的人脸图像去模糊网络,以多尺度(Coarse-to-fine)的学习方式获得去模糊图像。具体来说,在第一个尺度上,将模糊图像和对应的语义图像输入到去模糊网络中;在第二个尺度上,将经过上采样操作后的去模糊图像、模糊图像、语义图像连接后输入到网络中。此外,去模糊网络的每个尺度都由像素级内容损失和局部结构损失进行约束。此方法很好地在高水平和低水平的计算机视觉任务之间建立了连接,高维度的语义标签指引人脸图像的恢复,清晰化的结果表明其显著地提升了人脸识别的精度。

深度学习网络模型受益于大量数据样本的训练,然而基于深度学习的人脸图像去模糊算法研究不够充分,其主要原因是训练样本(同一场景同一位置拍摄的按照图像像素对齐的模糊和清晰的人脸图像)较难收集。为解决上述问题,实验所用人脸图像数据集采用合成的方法获得。首先,在 CelebA 人脸图像标准数据集上随机选择 8 000 张图像。其次,利用合成方法随机产生 800 个不同曝光矢量的模糊核,模糊核的大小范围从 13×13 到 27×27 不等。对于同一个尺寸的模糊核,每 400 张图像与 5 个相同尺寸不同轨迹的模糊核进行卷积操作,总计包含 32 万对按像素对齐的清晰人脸图像和对应的模糊人脸图像的训练集。过小的图像块不利于网络对图像结构特征的学习,过大的图像块则会对计算机内存提出更高的要求。

数据集增强可以看作是一种只对训练集做预处理的方式。本书通过增加训练集的额外副本来增加训练集的大小,进而提升图像去模糊网络的性能。这些额外副本可以通过对训练集中的模糊和清晰的人脸图像随机裁剪为 150×150 的图像块来生成,但并不改变其类别。这种数据集增强的方式能够减少图像去模糊网络模型的泛化误差。此外,还合成与训练集图像不重叠的模糊人脸图像作为测试集用于测试所提方法,制作方法是:首先分别从 CelebA 和 Helen 人脸图像数据集中随机地选择 200 张图像,然后采用与制作训练集相同的合成方法,将每 25 张图像与合成方法中的 4 个相同尺寸不同轨迹的模糊核进行卷积操作,总共得到包括 1600 张模糊人脸图像的测试集。图 1-9 给出一些合成的模糊人脸图像的例子。

(a) CelebA 数据集中的清晰人脸图像

(b) 用合成方法得到的模糊人脸图像

图 1-9 合成的模糊人脸图像示例

1.3 图像质量评价

由于视觉信号的信息爆炸,数字图像正迅速进入我们的日常生活中。为了保持、控制和提高图像的质量,需要系统在图像通信、管理、采集和处理每个阶段评估图像的质量。图像质量评价在视觉信号的通信和处理中起着重要作用。图像质量评价方法可以分为图像主观质量评价方法和图像客观质量评价方法。

1.3.1 图像主观质量评价方法

主观质量评价指的是观察者直接给出某个图像的质量分数。具体来说,这种方法需要邀请大量的测试者(即不同年龄、不同性别、不同职业的测试者)来评估图像的分数,然后对每张图片的质量得分进行处理,并对每张图片的平均或差异值进行分析,最后将上述质量分数的平均值或差值作为最终的质量得分。

由于这种方法是由人类观众直接评价图像的整体质量,而人类受众是最终的使用者,因此主观质量评估是决定性的,它也是判断客观质量评估算法是否有效的最终标准。表 1-1 给出了五个等级的质量尺度和妨碍尺度,分别标记为"非常好"、"好"、"一般"、"差"和"非常差",并以 5 到 1 的数字表示。

表 1-1   图像主观评价等级

评分	质量尺度	妨碍尺度
5	非常好	不易察觉到图像的失真
4	好	察觉到失真,但无不适
3	一般	感觉到轻微的不舒服
2	差	感觉到不舒服
1	非常差	感觉到非常不舒服

由表 1-1 可以看出,单一刺激法具有易于实施和反映人类观察者的直接意见的优点。因此,正如 ITU-R BT.500 标准中所报告的,它是最广泛使用的主观评估方法。然而,在五级评价标准中存在一些差异,例如给两幅图像分别打分为 4.1 和 4.3 的图片都属于第 4 等级,而无法进一步区分。这使得最终的结果很可能是不合理的。

1.3.2   图像客观质量评价方法

由于人类是大多数多媒体应用的最终使用者,因此评估图像质量的最准确和最可靠的方法是通过主观评价。然而,主观评价相对于客观评价而言需要耗费更多的人力和资源,这使得它在现实世界中并不实用。此外,主观评价被许多因素影响,包括观看距离、显示设备、照明条件、受试者的视觉能力和情绪等。因此,设计能够预测普通观察者的质量评价的数学模型是十分必要的。对于图像去模糊任务而言,常用的图像客观质量评价方法主要包括:峰值信号噪声比(Peak Signal-to-Noise Ratio,$PSNR$)和结构相似性指数(Structural Similarity Index Merric,$SSIM$)。下面,分别对这两个指标进行详细介绍。

$PSNR$:峰值信噪比是信号的最大可能功率与失真噪声的功率之比。信号在压缩、处理或传输的过程中往往会产生失真,使得传输后的图像和原始图像的质量之间存在差异。$PSNR$ 经常用于评价图像处理领域中重建图像的质量。对于一幅尺寸为 $H \times W$ 的图像而言,其均方误差(Mean Square Error, MSE)和 $PSNR$ 的数学表达式如公式(1-3)和(1-4)所示:

$$MSE = \frac{\sum_{x=1}^{H} \sum_{y=1}^{W} \left[I_r(x,y) - I_t(x,y) \right]^2}{H \times W} \tag{1-3}$$

$$PSNR = 10\lg\left(\frac{L^2}{MSE}\right) \tag{1-4}$$

其中,$I_r(x,y)$ 和 $I_t(x,y)$ 分别表示参考图像和被测图像在坐标为 (x,y) 处的灰度值。对于 8 位灰度图像而言,$L = 255$。MSE 值和 $PSNR$ 值成反比例关系,$PSNR$ 值越高表示参考图像和被测图像在图像内容方面相似度越高。

$SSIM$:近年来,它在许多不同研究学科的图像质量评估中发挥了重要作用。$SSIM$ 算法假定 HVS 高度适应于场景中提取结构信息,并对图像的结构信息进行建模。$SSIM$ 算法通过对图像的亮度、对比度和结构三个方面的比较,实现相似度评价。亮度相似度 $l(I_r, I_t)$、对比度相似度 $c(I_r, I_t)$ 和结构相似度 $s(I_r, I_t)$ 分别定义为:

$$l(I_r, I_t) = \frac{2\mu_{I_r}\mu_{I_t} + C_1}{\mu_{I_r}^2 + \mu_{I_t}^2 + C_1} \tag{1-5}$$

$$c(I_r, I_t) = \frac{2\sigma_{I_r}\sigma_{I_t} + C_2}{\sigma_{I_r}^2 + \sigma_{I_t}^2 + C_2} \tag{1-6}$$

$$s(I_r, I_t) = \frac{\sigma_{I_r I_t} + C_3}{\sigma_{I_r}\sigma_{I_t} + C_3} \tag{1-7}$$

其中,μ_{I_r} 和 μ_{I_t} 分别是参考图像 I_r 和被测图像 I_t 的均值,表示图像的亮度信息。σ_{I_r} 和 σ_{I_t} 分别是参考图像 I_r 和被测图像 I_t 的方差,表示图像的对比度信息。$\sigma_{I_r I_t}$ 是参考图像 I_r 和被测图像 I_t 的相关系数,表示图像结构信息的相似度。C_1, C_2, C_3 均为接近零的常数。

通常情况下,C_1、C_2 和 C_3 分别定义为:

$$C_1 = (K_1 L)^2 \tag{1-8}$$

$$C_2 = (K_2 L)^2 \tag{1-9}$$

$$C_3 = \frac{C_2}{2} \tag{1-10}$$

其中,$K_1 = 0.01, K_2 = 0.03, L = 255$。

因此,对于一幅尺寸为 $H \times W$ 的图像而言,其 SSIM 的数学表达式如公式(1-11)所示:

$$SSIM = [l(I_r, I_t)]^\alpha \cdot [c(I_r, I_t)]^\beta \cdot [s(I_r, I_t)]^\gamma \qquad (1\text{-}11)$$

其中, $\alpha = \beta = \gamma = 1$ 。SSIM 的表达式可以简写为:

$$SSIM = \frac{(2\mu_{I_r}\mu_{I_t} + C_1)(2\sigma_{I_r\ I_t} + C_2)}{(\mu_{I_r}^2 + \mu_{I_t}^2 + C_1)(\sigma_{I_r} + \sigma_{I_t} + C_2)} \qquad (1\text{-}12)$$

SSIM 的取值区间是 $[0,1]$,SSIM 的值越高表示参考图像和被测图像在图像结构方面的相似度越高。

1.4 主要研究内容

本书主要围绕相机抖动和物体运动引起的运动模糊问题开展工作,研究并提出了基于两阶段特征增强网络的图像去模糊方法、基于感知特征和多尺度网络的图像去模糊方法、基于注意力机制的图像去模糊方法、基于局部特征和非局部特征的图像去模糊方法、基于图像边缘判别机制与部分权值共享的图像去模糊方法、基于双网络判别的盲图像去模糊方法、基于图像结构先验的图像去模糊方法。本书的研究内容及创新性成果如下:

(1) 提出了基于两阶段特征增强网络的图像去模糊方法。通过实验观察发现,网络中更多的层和连接可以提升模型的性能。结合两阶段特征增强网络用于构建复杂高维度特征,促进特征的复用,增强特征的关联,以端对端的方式直接得到去模糊图像,并且在图像去模糊过程中尽量降低图像中有用信息的损失。

(2) 提出了基于感知特征和多尺度网络的图像去模糊方法。以深度学习技术和多尺度图像去模糊思想为基础,结合感知特征,研究图像去模糊网络模型。在设计生成网络的过程中,充分利用多尺度网络获取图像不同尺度的特征;以图像的感知特征为全局先验信息优化网络训练,加速网络收敛。

(3) 提出了基于注意力机制的图像去模糊方法。针对通过局部特征实现图像去模糊的方法,基于 GAN 模型从多个角度研究用于图像去模糊的网络模型。研究过程中,结合非局部特征和局部特征抑制无关特征响应,保留显著特征;促进网络中间特征的复用和融合,解决网络梯度消失的问题,使得网络在非局部特征上下文信息指导下，揭示图像模糊的本质。

（4）提出了基于局部特征和非局部特征的图像去模糊方法。为了生成内容清晰的去模糊图像，本章将局部和非局部特征贯穿于网络结构的设计中，探究图像的局部特征和非局部特征与动态场景去模糊问题之间的关系。

（5）提出了基于图像边缘判别机制与部分权值共享的图像去模糊方法。以判别学习除图像内容外的图像边缘特征为切入点，研究生成网络和判别网络并重的图像去模糊方法。在设计生成网络和判别网络结构、目标函数的过程中，充分利用标签图像的清晰特征、图像的边缘信息优化生成网络和判别网络，使图像去模糊模型可以高效、稳定地提升去模糊图像的视觉质量。

（6）提出了基于双网络判别的盲图像去模糊方法。基于图像边缘判别机制与部分权值共享的图像去模糊方法，采用统一卷积核的方式合成清晰度介于清晰图像和模糊图像之间的边缘弱化图像，这种统一处理的方式不能反映模糊图像时变的本质。为了解决这个问题，本书提出了双网络判别的盲图像去模糊方法，分别用于生成边缘弱化图像，以及判别图像的清晰度。

（7）提出了基于图像结构先验的图像去模糊方法。显著的图像结构经常作为重要的先验信息用于估计模糊核。本书合深度学习和传统图像先验知识的优势，通过自适应地学习图像结构信息解决动态场景去模糊问题。

1.5 本书章节安排

本书立足于设计不同基于深度学习的网络框架探究图像去模糊过程。以图像的结构特征、多尺度特征、图像的注意力机制以及图像的边缘信息作为正则信息，对图像去模糊进行探究学习。本书章节安排如下：

第一章绪论：首先介绍图像去模糊任务的背景与研究意义；然后介绍国内外研究现状，并分类介绍和讨论图像去模糊的相关工作；最后介绍本书的主要工作内容和章节安排。

第二章模糊图像成像模型与深度学习基础知识：首先对模糊图像成像过程进行描述，其次对 CNN 和 GAN 进行介绍，列举经典的 GAN 神经网络模型。

第三章基于生成对抗网络的图像去模糊：主要介绍三种方法，分别是基于感知特征和多尺度网络的图像去模糊，基于注意力机制的图像去模糊以及基于局部特征和非局部特征的图像去模糊。本章详细介绍基于监督学习的图像去模糊网络模型的结构、用于网络优化和收敛的目标损失函数、模型的训练过程。最后,通过在合成和真实的模糊图像数据集上的比较实验,验证网络模型的性能。

第四章基于图像先验的图像去模糊方法:主要介绍三种方法,分别是基于图像边缘判别机制与部分权值共享的图像去模糊,基于双网络判别的盲图像去模糊以及基于图像先验的图像去模湖。本章具体介绍网络结构,目标损失函数,并通过主观和客观评价的方式验证模型的有效性和泛化性。

第2章

模糊图像成像模型与深度学习基础知识

深度学习是机器学习的一个分支,是一种以人工神经网络为架构,对图像样本进行特征提取的方法。深度学习框架通常由多个卷积层组成,学习由低层特征组合而成的高阶层次结构特征。近年来,随着深度学习理论的日渐成熟以及计算机图形处理器(Graphics Processing Unit,GPU)性能的提升,深度学习在各个领域得到了广泛的应用,并在计算机视觉领域获得了成功。本章首先介绍了模糊图像的成像模型,然后介绍 CNN 和 GAN 等网络模型及其应用。

2.1 模糊图像退化模型

图像去模糊化可以被表述为图像模糊化的逆过程。图像模糊可以是由图像拍摄过程中的相机抖动、物体运动或相机失去焦点等因素造成的。

运动模糊:通过测量相机曝光时间段内的光子来捕捉图像。在明亮的光照下,曝光时间足够短,图像可以捕捉到瞬间时刻。然而,较长的曝光时间可能会导致运动模糊。许多方法直接将退化过程建模为一个卷积过程,假设模糊在整个图像上是均匀的。图像模糊建模过程的数学表达式如公式(2-1)所示:

$$b(x,y) = k(x,y) * s(x,y) + n(x,y) \tag{2-1}$$

其中,b 表示模糊退化的图像,s 表示潜在图像,k 表示模糊核,n 表示加性高斯噪声,$*$ 表示卷积运算符。图像去模糊是从已知的模糊图像 b 中复原清晰图像 s 和对应的模糊核 k。由于 s 和 k 均未知,可以根据 b 计算出无穷多对 s 和 k。图像去模糊任务是高度病态性的,需要设计先验信息约束图像恢复过程。

对于物体运动,任何相对于相机移动的物体都会显得模糊不清。对于相机抖动,运动模糊发生在静态背景中,而在没有相机抖动的情况下,快速移动的物体将导致图像前景产生模糊,而背景保持清晰。一个模糊的图像可以自然地包含由这两个因素引起的模糊。早期的方法是模糊核是不变的。近几年来,研究人员对非均匀模糊的情况进行了研究并获得了进展。

散焦模糊:除了运动模糊,图像清晰度也受到场景和相机焦平面之间距离的影响。如果场景中包含这个区域以外的物体,那么部分场景会显得模糊。散焦模糊退化模型的数学表达式如公式(2-2)所示:

$$k(x,y) = \begin{cases} \dfrac{1}{\pi r^2}, & 若(x-m)^2 + (y-n)^2 \leqslant r^2 \\ 0, & 其他. \end{cases} \tag{2-2}$$

其中,(m,n) 是点扩散函数的中心,r 是模糊的半径。

混合模糊:在真实模糊场景中,诸多因素都会导致模糊,如相机抖动、物体运动和景深变化。例如,当一个快速移动的物体在焦距外被捕捉时,图像可能同时包括运动模糊和焦外模糊。为了合成这种类型的模糊图像,一种选择是首先将清晰的图像转换为运动模糊的版本,例如通过对连续拍摄的相邻的清晰画面进行平均化处理。

传统图像去模糊方法通常将该任务表述为一个逆滤波问题。为了求解公式(2-1)的不适定问题,可将该式转换为优化方程:

$$s = \arg_{\hat{s}} \min(\| b - \hat{s} * k \|_2^2 + f(b,k)) \tag{2-3}$$

其中,$f(b,k)$ 是一组通用图像先验信息,或域特定的人脸图像先验信息,文本图像先验信息。这些方法是以迭代的方式先估计模糊核,然后再进行非盲目去卷积运算得到潜在图像。

尽管上述求解优化方程的图像去模糊方法能够证明模糊图像的能量是最小的,但对于均匀模糊核的假设,以及手动提取特征的方式,使图像去模糊方法难以满足算法对真实模糊图像的实时性要求。此外,真实的模糊退化过程涉及一些非线性因素,如相机响应函数、镜头饱和度、景深变化等,而整个非线性的模糊过程都是传统图像去模糊方法无法处理的。

深度学习可以直接从海量的数据中学习复杂的特征映射,揭示数据的本质,从而达到解决问题的目的。近年来,随着深度学习理论的日渐成熟以及计算机图形处理器性能的提升,深度学习在各个领域得到了广泛的应用,并在计算机视觉领域获得了前所未有的成功。下面,主要介绍与本书密切相关的深度学习基础知识。

2.2　深度学习基础知识

图像去模糊网络模型的搭建依托于对深度学习基础知识的理解。本节主要从深度学习概述、网络的反向传播、深度学习优化算法、卷积层、卷积神经网络、反卷积层、非线性激活函数等方面入手介绍深度学习基础知识。

2.2.1　深度学习概述

机器学习技术为现代社会的许多方面提供了动力:从网络搜索到社交网络的内容过滤,再到电子商务网站的推荐,它越来越多地出现在消费产品中,如相机和智能手机。机器学习系统被用来识别图像中的物体,将语音转换为文本。然而,传统的机器学习技术在处理原始自然数据方面能力有限。数十年来,构建一个模式识别或机器学习系统需要通过精心的工程设计和相当丰富的领域专业知识,来设计一个特征提取器,将原始数据转换成合适的内部表示或特征向量。

深度学习可以由多个处理层组成的计算模型学习的具有多个抽象层次的数据表示。深度学习方法是具有多层次表征的表示学习方法,通过组成简单且非线性的模块获得,每个模块将一个层次的表征(从原始输入开始)转化为更高、更抽象的表征。对于分类任务,较高的表征层放大输入有利于分类的图像特征,并且抑制不相关的特征。这些方法极大地提高了语音识别、视觉物体识别、物体检测和许多其他领域的水平。深度学习通过使用反向传播(Back Propagation)算法来发现大型数据集的复杂结构,以指示机器如何来改变其内部参数,这些参数被用来计算每一层的表征,而这些表征来自于上一层的表征。深度卷积网在处理图像、视频、语音等方面取得了突破性进展。

在 20 世纪 60 年代初,Hubel 和 Wiesel 通过研究猫的视觉皮层系统,提出感受野的概念,并在视觉皮层通路中发现信息的层次处理机制,获得了诺贝尔生理学或医学奖。1980 年代中期,Fukushima 等在感受野概念的基础上提出神经认知机,这被视为第一次实现了 CNN。神经认知机是第一个基于神经元(Neuron)的局部连接和层次结构的人工神经网络(Artificial Neural Network,

ANN)。神经认知机将视觉模式分解成许多子模式,并利用层级特征对这些子模式进行处理,使模型具有良好的目标识别能力。之后,研究人员开始着手试验多层感知机,进一步提出一种用于计算误差梯度的反向传播算法,该算法被证明是有效的。1990 年,LeCun 等研究了手写体数字识别问题,首先提出利用梯度反向传播算法训练 CNN 模型,并在 MNIST 手写体数字数据集上显示出相对于其他方法更好的性能。随着机器学习热潮的深入,CNN 已经被应用于图像识别、自然语音处理等不同的机器学习问题。

CNN 通过数据驱动的学习方式,利用海量的样本数据集学习提取图像特征,揭示数据的本质,这比单纯依靠某些输入图像的先验信息要准确和可靠得多。一般情况下,一个 CNN 由若干卷积层组成,而每一个卷积层由若干神经元组成,每个神经元有相应的权值。卷积层主要用于学习特征表示,使用非线性激活函数激活学习的特征,并通过反向传播算法对网络的权值进行更新。CNN 本质上不需在输入和输出之间建立精确的数学表达式,仅从输入样本数据就可以学习到高维度复杂的特征表示。CNN 采用权值共享的网络结构,使其更类似于生物神经网络,通过改变模型的深度和宽度来调整模型的容量。CNN 可以有效地降低网络模型的学习复杂度,使得网络更容易收敛。图 2-1 给出近年来在图像识别领域的经典 CNN 网络 AlexNet、GoogLeNet、VGG-Net、ResNet、SENet 及其识别准确率。

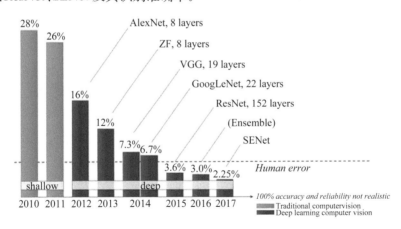

图 2-1   面向计算机视觉任务的网络及其识别准确率

卷积神经网络也在图像复原任务中获得了广泛的应用。基于卷积神经网络的图像复原方法主要应用于以下几个领域:图像超分辨率、图像去马赛克、图像去雾、图像去雨、水下图像处理、图像修复等。起初,卷积神经网络更多的是以数据驱动的方式学习基于传统图像处理方法的参数。后来,受图像超分辨率算法的启发,大量的基于端对端训练的图像复原模型被提出。这种端对端的学习模式是指,将输入数据输送到设计好的卷积神经网络中,在目标损失函数的约束下进行多个回合(Epoch)的训练,当网络训练收敛时,就可以利用预训练好的模型对测试对象进行测试,由此可以直接获得复原后的结果。这种学习模式的最大优点是将导致问题的各种因素统一建模,而无需在有限的图像中手动地提取特征。

2.2.2　网络的反向传播

任何监督式学习算法的目标都是找到一个能将输入映射到其正确输出的函数。例如一个简单的分类任务,其输入是动物的图像,正确的输出是动物的名称。一些输入和输出模式可以很容易地通过单层神经网络(感知机)完成简单的分类任务。但是这些单层感知机只能学习一些比较简单的模式。人可以通过识别动物的图像的某些特征进行分类,例如动物的毛皮、羽毛、鳞片、体型以及其他特征。然而单层神经网络必须只能通过图像中的像素学习特征并输出标签。由于单层神经网络深度有限,所以难以从输入中学习到高阶抽象特征。多层网络克服了这一限制,因为它可以创建内部表示,并在每一层学习不同的特征。随着网络层数的增加,其能够学习越来越多的抽象特征。反向传播的目标是找到一种训练的多层神经网络的方法,使它可以学习合适的内部表达来让它学习任意的输入到输出的映射。

1974 年,美国科学家沃博斯首次给出了如何训练一般网络的学习算法,而人工神经网络只是其中的特例。直到 20 世纪 80 年代中期,经美国科学家鲁姆哈特等人在多层神经网络中成功使用之后,误差反向传播才获得广泛的关注,在 2007 年之后兴起的深度学习中,反向传播算法仍然是训练深度神经网络的主流方法。反向传播算法是一种利用梯度下降来优化神经网络连接权重的算法。此算法由后向传播与权重更新两个阶段组成,两个过程循环迭代,直到网络对输入的响应达到预定的目标范围。具体过程如下:当训练数据输入到神经网络,数据逐层向前传播到输出层,通过定义损失函数,可比较神经网络输出与数据期望输出的差异,并得到输出层每一个神经元的误差值,这些误差值从输出层反向传播至神经网络的中间层神经元,并分摊给各层的所有单元,从而获得各层单元的误差信号。反向传播算法计算损失函数来更新网络权重,这一过程会逐渐减少通过损失函数定义的误差。反向传播算法被认为是一种有监督学习。但它也可以被用于无监督学习,如自编码网络的学习。

2.2.3　深度学习优化算法

最优化问题是计算数学中最为重要的研究方向之一。而在深度学习领域,优化算法的选择也显得尤为重要。即使在数据集和模型架构完全相同的情况下,采用不同的优化算法,也很可能导致截然不同的训练效果。1951 年,Robbins 和 Monro 提出了随机梯度下降法(Stochastic Gradient Descent),至今已有 60 年历史。梯度下降法的应用非常广泛,在机器学习领域梯度下降法可用于最小化损失函数,获得最优模型参数值。Polyak 于 1964 年提出动量梯度下降法用于加速梯度下降。Nesterov 于 1983 提出了 Nesterov 梯度下降法(Nesterov Accelerated Gradient)。Nesterov 梯度下降法与动量梯度下降法类似,是一种在保证高速收敛速率的前提下的一阶优化方法。直到 2011 年,出现了一种自适应的优化方法 AdaGrad,它加快了稀疏参数的训练速度。2012 年在 AdaGrad 的基础上出现了 AdaDelta 梯度下降法,为了降低 AdaGrad 中学习速率衰减过快问题,进行了如下的改进:对于参数梯度历史窗口序列使用均值,不再使用平方和;最终的均值是历史窗口序列均值与当前梯度的时间衰减加权平均。2012 年,Geoff Hinton 在 Coursera 上提出了 Rmsprop(Root Mean Square Propagation)梯度下降法。Rmsprop 被证明是有效且实用的深度学习网络优化算法。相比于 AdaGrad 的历史梯度,Rmsprop 增加了一个衰减系数来控制历史信息的获取量。后来经过升级,提出了 Adam(Adaptive Moment Estimation)算法,它是修正后的动量法和 Rmsprop 的结合,动量直接并入梯度一阶矩估计中(指数加权)。与 Rmsprop 区别在于,它计算历史梯度衰减方式不同,不使用历史平方衰减。

1. 梯度下降算法及其变体

梯度下降法有三种形式,它们分别是:批量梯度下降法(Batch Gradient Descent)、随机梯度下降法和小批量梯度下降法(Mini-Batch Gradient Descent)。它们之间的区别在于采用多少数据来计算目标函数的梯度。根据数据量的不同,在参数更新的准确性和执行更新所需的时间之间进行权衡。

（1）批量梯度下降法

批量梯度下降法，每次迭代更新中使用所有的训练样本，参数更新表达式如下：

$$\theta = \theta - \eta \cdot \nabla_\theta J(\theta) \qquad (2\text{-}4)$$

其中，θ 指模型参数，$J(\theta)$ 指目标函数，$\nabla_\theta J(\theta)$ 是指目标函数梯度的相反方向上的参数，η 指学习率。

批量梯度下降法每迭代一次需要计算整个训练集的梯度，因此批量梯度下降法的收敛速度非常慢。批量梯度下降法可以保证在凸形误差曲面（Convex Error Surfaces）上收敛到全局最小值，在非凸形曲面（Non-Convex Surface）上收敛到局部最小值。

（2）随机梯度下降法

随机梯度下降法对每个训练实例 $x^{(i)}$ 及其标签 $y^{(i)}$ 进行参数更新。随机梯度下降法表达式如下：

$$\theta = \theta - \eta \cdot \nabla_\theta J(\theta; x^{(i)}; y^{(i)}) \qquad (2\text{-}5)$$

其中，$x^{(i)}$ 和 $y^{(i)}$ 是指每个训练实例 $x^{(i)}$ 及是标签 $y^{(i)}$。

批量梯度下降对大数据集进行了冗余计算，因为它在每次参数更新前都会对类似的例子重新计算梯度。随机梯度下降法通过每次执行一次更新来消除这种冗余。因此，相比之下随机梯度下降法的收敛速度通常要快得多。然而随机梯度下降法以高方差进行频繁的更新，导致目标函数的严重振荡，如图 2-2 所示。

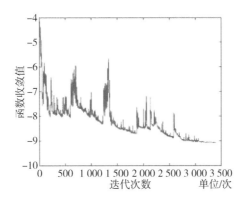

图 2-2　随机梯度下降法产生的波动

而随机梯度下降法产生的振荡,一方面使它可能收敛新的、更好的局部最小值;另一方面,这最终会使收敛到精确的最小值产生变化。实验证明,降低学习率时,SGD 显示出与批量梯度下降相同的收敛行为,会分别收敛到非凸和凸优化的局部或全局最小。

(3) 小批量梯度下降法

小批量梯度下降法折中了批量梯度下降法和随机梯度下降法,对每一个小批的 n 个训练实例进行更新,小批量梯度下降法更新规则如下:

$$\theta = \theta - \eta \cdot \nabla_\theta J (\theta; x^{(i:i+n)}; y^{(i:i+n)}) \tag{2-6}$$

其中, $x^{(i:i+n)}$ 和 $y^{(i:i+n)}$ 分别表示是以 n 为一小批的训练实例及其标签。

因为每次迭代使用多个样本,它减少了参数更新的方差,所以小批量梯度下降法比随机梯度下降法和批量梯度下降法的收敛更稳定,也能避免随机梯度下降法在数据集过大时迭代速度慢的问题。

然而,小批量梯度下降并不能保证良好的收敛性,且难以选择适当的学习率。太小的学习率会导致网络缓慢收敛,而过大的学习率则会阻碍收敛并导致损失函数在最小值附近波动,甚至发散。此外,如果训练集中的数据是稀疏的,采用相同的学习率对所有的参数更新可能不利于网络的收敛。对神经网络常见的高度非凸的误差函数进行最小化是为了避免陷入其众多的次优局部极值。Yann N. Dauphin 等认为,梯度收敛的困难实际上不是来自局部最小值,而是来自鞍点(Saddle Point)。在微分方程中,沿着某一方向是稳定的,另一条方向是不稳定的奇点,叫做鞍点。而这些问题是梯度下降法及其变体难以解决的。下面将概述一些在深度学习领域中广泛使用的优化算法,用于解决上述问题。

(4) 动量(Momentum)梯度下降法

SGD 优化方法难以驾驭沟壑(Ravines),即曲面在一个维度上比在另一个维度上的曲线陡峭得多的区域。这在局部优化区周围是很常见的。在这些情况下,随机梯度下降法在沟壑的斜坡上摇摆,其梯度更新过程如图 2-3 所示。

Momentum 优化方法是在原有梯度下降算法的基础上,引入了动量的概念。如图 2-3(b)所示,包含 Momentum 项的优化方法有助于加速梯度下降并抑制振荡。Momentum 优化方法的权重更新公式如下:

$$\begin{cases} v_t = \gamma v_{t-1} + \eta \nabla_\theta J (\theta) \\ \theta = \theta - v_t \end{cases} \tag{2-7}$$

其中,γ 为动量项,v_t 表示当前时刻的动量变化,v_{t-1} 表示 $t-1$ 时刻的动量变化。

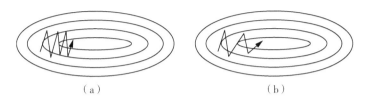

（ a ）　　　　　　　　　　　　　　（ b ）

图 2-3　Momentum 优化方法在 SGD 梯度下降法中的作用

由公式可以看出,Momentum 优化方法是通过将过去时间步骤的更新矢量的一小部分 γ 添加到当前的更新矢量中来实现的。Momentum 优化方法将动量项 γ 设为 0.9。为了更好地理解梯度下降的过程,这里给出一个比喻。将梯度比作一个小球,将最小值比作是山底。将小球推下山底的过程,比作是梯度优化收敛的过程。小球在下坡时积累了动量,一路上变得越来越快,直到它达到了极限速度。这个比喻与 Momentum 优化方法的更新过程类似,动量项在与梯度指向相同的方向上增加更新,在与梯度改变的方向上减少更新。因此,Momentum 优化方法获得了更快的收敛速度并减少了振荡。

（5）NAG 优化方法

NAG(Nesterov accelerated gradient)优化方法是由动量梯度下降法改进而来,其表达式如下：

$$\begin{cases} v_t = \gamma v_{t-1} + \eta \, \nabla_\theta J \, (\theta - \gamma v_{t-1}) \\ \theta = \theta - v_t \end{cases} \tag{2-8}$$

其中,$\theta - \gamma v_{t-1}$ 表示下一个梯度的参数。

NAG 优化方法会根据当前梯度和前一次计算得到的梯度的差值对动量梯度下降法得到的梯度进行修正,如果两次梯度的差值为正,证明梯度在增加,下一个梯度会继续变大;相反如果两次梯度的差值为负,则下一个梯度会继续变小。如果说动量梯度下降法采用一阶指数平滑,那么 NAG 优化方法则是采用了二阶指数平滑;动量梯度下降法类似于用已得到的前一个梯度数据对当前梯度进行修正,NAG 优化方法类似于用已得到的前两个梯度对当前梯度进行修正,无疑 NAG 优化方法得到的梯度更加准确,因此在一定程度上提高了算法的优化速度。

NAG 优化方法将动量项 γ 设为 0.9。NAG 优化方法梯度更新的过程如图 2-4 所示，Momentum 优化算法首先计算当前的梯度(图中蓝色的小矢量)，然后向更新的累积梯度方向

图 2-4　NAG 优化方法梯度更新的过程

跳变(图中蓝色大矢量)，而 NAG 优化方法首先向先前的累积梯度方向跳变(图中棕色的矢量)估计梯度，然后进行修正(图中绿色的矢量)。这种预见性的更新可以防止梯度下降太快，从而提高响应性，NAG 优化方法极大地提高了循环卷积神经网络在一些任务上的性能。

(6) AdaGrad 优化方法

在基本的梯度下降法优化中，存在一个常见问题，即要优化的变量对于目标函数的依赖是各不相同的。对于某些变量，已经优化到了极小值附近，但是有的变量仍然在梯度很大的地方，统一的全局学习率不利于网络的收敛。如果学习率太小，则梯度很大的变量会收敛很慢，如果学习率太大，已经趋于收敛的变量可能会不稳定。

针对这个问题，Duchi 提出了 AdaGrad 优化方法，可以为不同变量自适应地提供学习率。AdaGrad 优化方法的基本思想是对每个变量采用不同的学习率，在网络训练的初始阶段学习率比较大，用于梯度的快速下降。随着网络的不断优化过程，对于梯度已经下降的变量，减缓学习率，对于还保持较大梯度的变量，则设置一个较大的学习率。Dean 等发现 AdaGrad 优化方法极大地提高了梯度下降法的鲁棒性，并将其用于训练谷歌的大规模神经网络。

AdaGrad 优化方法在每个时间步骤 t 对每个参数 θ_i 的学习率 η 进行修改。AdaGrad 优化方法的更新规则如下：

$$\theta_{t+1,i} = \theta_{t,i} - \frac{\eta}{\sqrt{G_{t,ii} + \varepsilon}} \cdot g_{t,i} \qquad (2\text{-}9)$$

其中，$G_t \in \mathbf{R}^{d \times d}$ 是一个对角线矩阵，每个对角线元素 i 是时间 t 内的梯度平方和，ε 是一个平滑项，通常为 $1e-8$ 的数量级，目的是为了避免除数为零。

AdaGrad 优化方法的缺点在于公式的分母中涉及了平方梯度运算。由于每一个增加的项都是正值，累积的总和在训练中不断增加。这导致了学习率不断地衰减，从而影响了网络的优化训练。

(7) AdaDelta 优化方法

AdaDelta 优化方法是 AdaGrad 优化算法的一个扩展,旨在减少其单调递减的学习率。AdaDelta 优化方法不是累积所有过去的平方梯度,而是将累积的过去梯度的窗口限制在某个固定的大小 w。梯度的总和被递归地定义为所有梯度平方的衰减平均值,而不是低效地存储以前的梯度平方。那么,在时间步长 t 的运行平均数 $E[g^2]_t$ 只取决于以前的平均数和当前的梯度。

(8) Rmsprop 优化方法

均方根传递(Root mean square prop)优化方法是 Hinton 在 Coursera 课程中提出的一种优化算法。Rmsprop 优化方法和 AdaDelta 优化方法都是在同一时间独立开发的,用于解决 AdaGrad 优化方法学习率急剧下降的问题。Rmsprop 优化方法实际上与我们所推导的 AdaDelta 优化算法的第一个更新向量完全相同。

$$E[g^2]_t = 0.9E[g^2]_{t-1} + 0.1g_t^2$$

$$\theta_{t+1} = \theta_t - \frac{\eta}{\sqrt{E[g^2]_t + \varepsilon}}g_t$$

$$(2\text{-}10)$$

Rmsprop 优化方法将学习率除以梯度平方的指数衰减平均值。Hinton 建议将 γ 设置为 0.9,学习率 η 设置为 0.001。

2. 深度学习优化算法可视化

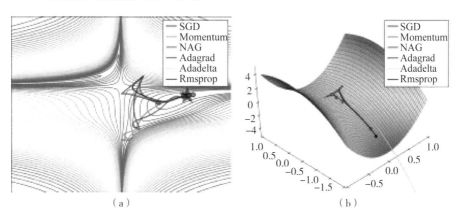

图 2-5　优化算法优化过程的可视化

如图 2-5(a)所示,随机梯度下降法、动量优化算法、NAG 动量优化算法、AdaGrad 优化算法、AdaDelta 优化算法和 Rmsprop 优化算法都从同一点开始通过不同的路径达到最小值。需要指出的是,AdaGrad、AdaDelta 和 Rmsprop

优化方法立即向正确的方向前进,并以同样快的速度收敛。而 Momentum 和 NAG 则偏离了朝着正确方向的路径,并且 NAG 能够及早地纠正收敛的路线,并朝着最小值的方向前进。

图 2-5(b)给出了上述优化算法在鞍点上的表现。如前所述,这给 SGD 的优化带来了困难。需要指出的是,SGD、Momentum 和 NAG 优化算法很难打破对称性,后两者最终设法摆脱了鞍点,而 AdaGrad、Rmsprop 和 AdaDelta 则迅速向负斜率前进,其中 AdaDelta 收敛速度最快。总的来说,自适应学习率方法 AdaGrad、AdaDelta 和 Rmsprop 更合适于深度神经网络的模型参数优化训练,能够提供良好的收敛效果。

2.2.4 卷积层

前馈深度网络或多层感知机(Multilayer Perceptron,MLP)是深度学习模型的典型例子。如图 2-6 所示,多层感知机仅仅是一个将一组输入值映射到输出值的数学函数。该函数由许多较简单的函数复合而成。

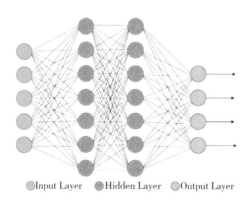

●Input Layer ●Hidden Layer ○Output Layer

图 2-6　多层感知机

卷积运算通过三个重要的思想来帮助改进机器学习系统:稀疏交互(Sparse Interactions)、参数共享(Parameter Sharing)、等变表示(Equivariant Representations)。传统的多层感知机使用矩阵乘法来建立输入与输出的连接关系。其中,参数矩阵中每一个单独的参数都描述了一个输入单元与一个输出单元间的交互。这意味着每一个输出单元与每一个输入单元都产生交互。然而,卷积神经网络具有稀疏连接(Sparse Connectivity)或者稀疏权重(Sparse Weights)的特征。参数共享是指在一个模型的多个函数中使用相同的参数。

在传统的多层感知机中，当计算一层的输出时，权重矩阵的每一个元素只使用一次，当它乘以输入的一个元素后就再也不会用到了。在卷积神经网络中，核的每一个元素都作用在输入的每一位置上（是否考虑边界像素取决于对边界决策的设计）。卷积运算中的参数共享保证了其只需要学习一个参数集合，而不是对于每一位置都需要学习一个单独的参数集合。对于卷积，参数共享的特殊形式使得神经网络层具有平移等变（Translation Equivariance）的性质。

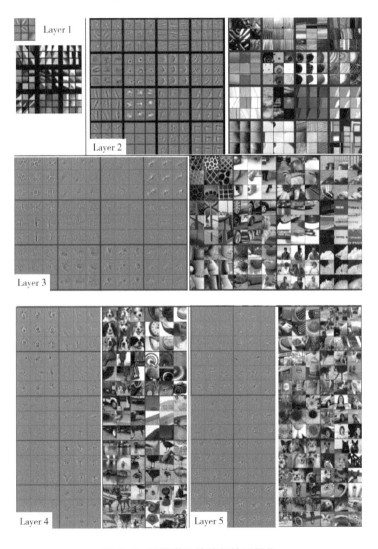

图 2-7　网络学习的特征的可视化

卷积被广泛应用于图像处理领域,滤波、边缘检测、图片锐化等操作都是通过不同尺寸的卷积核实现的。如图所示,在卷积神经网络中通过卷积操作可以提取图片中的特征,浅层网络能够提取图像的边缘、线条、角等特征,深层网络能够从图像中学到高阶的结构、类别特征。

2.2.5 卷积神经网络

与多层感知机不同,卷积神经网络每一层的神经元只对某一区域上的激励有反应,这一反应区域被称为感受野。通过在卷积神经网络中堆栈(Stacking)多个卷积层,网络的感受野可以逐渐扩大。卷积神经网络以图像作为输入为例,卷积层间的卷积运算过程表达如下:

$$
\begin{aligned}
y(m,n) &= \sum_i \sum_j x(m,n)k(m-i,n-j) \\
&= x(m,n) * k(m,n)
\end{aligned}
\tag{2-11}
$$

其中,$x(m,n)$ 表示输入图像,$k(m,n)$ 表示卷积核,$y(m,n)$ 表示卷积运算的输出,卷积运算是对整幅图像以逐像素的方式进行遍历运算。

卷积神经网络一般由以下 5 种结构组成:

(1) 输入层。在用于计算机视觉任务的卷积神经网络中,卷积神经网络的输入通常是图像。图像的维度通常是 $H \times W \times C$,其中,H、W、C 分别表示图像的长、宽和通道数,当深度值为 1 时,表示输入图像为单通道的黑白图像;当深度值为 3 时,表示输入图像为彩色图像。

(2) 卷积层。卷积层是整个卷积神经网络中最关键的部分,卷积层使用卷积核对特征映射进行二维卷积操作,对感受野中的特征深入探究,并提取更高阶的特征。

(3) 激励层。激励层通常也被称为激活函数,用于实现卷积神经网络的非线性,促进网络的拟合,常用的激活函数包括:双曲正切激活函数(Hyperbolic Tangent Activation Function),Activation Function,即 Tanh 激活函数、Sigmoid 激活函数、整流线性单元(Rectified Linear Units , ReLU)、带泄漏整流线性单元(Leaky Rectified Linear Units,Leaky ReLU)和参数化整流线性单元(Parametric Rectified Linear Units,PReLU)等。

(4) 池化层。有多种不同形式的池化函数,而最为常见的是最大池化函数(Max Pooling Function)。它是将输入的图像划分为若干个矩形区域,对每个子区域输出最大值。池化层用于实现特征长、宽维度的下采样,而不会对图像的深度产生影响。通常在卷积神经网络中添加池化层能够减少网络参数。

（5）全连接层。图像经过卷积层、激活函数、池化层的操作,图像中的信息已经抽象为更高阶的特征。在这之后,卷积神经网络一般会采用全连接层完成分类任务。

图像复原 CNN 模型大多采用 L_1 范数、L_2 范数（MSE 损失）、结构相似度目标损失函数（SSIM）、感知目标损失函数（Perceptual Targot Loss Function）作为目标函数。Dong 等提出的 SRCNN（Super-resolution CNN）作为基于 CNN 的图像复原网络模型,为后续大量图像复原的工作提供了启示和参考。SRCNN 模型首次将 CNN 引入到图像超分辨率重构问题中,将 SRCNN 网络中的卷积层与传统稀疏编码方法一一对应。这种基于深度学习的方法在获得更好的重构效果的同时,使得网络的搭建更具理论意义。SRCNN 在 GPU 的加速下具有高效的计算效率。SRCNN 网络模型如图 2-8 所示。

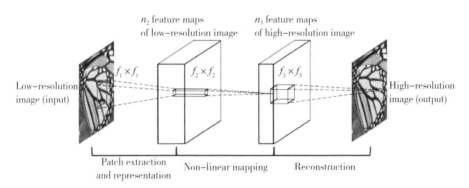

图 2-8　SRCNN 网络模型

如图 2-8 所示,SRCNN 是一个仅包含三个卷积层的 CNN 网络。SRCNN 将图像特征提取与表征、非线性映射、图像重构三个阶段统一到一个统一的 CNN 网络框架中,构造了端到端的学习模式。其中,第一个卷积层（图像特征抽取与表征）从输入图像中抽取重叠的图像块并且使用一个高维向量表示各个图像块;第二个卷积层（非线性映射）映射第一层中的高维向量到另一个更加抽象的高维向量;第三个卷积层（重构）聚合逐块的特征表示,重构最终的输出。

第一个卷积层用于图像特征提取与表征的数学表达式如下:

$$F_1(P) = \max(0, W_1 * P + \boldsymbol{B}_1) \qquad (2\text{-}12)$$

其中，P 是一个尺寸为 $n \times n$ 的 3 通道图像块，SRCNN 方法中采用图像的单通道（亮度通道）进行训练；W_1 和 $\boldsymbol{B}_1$ 是第一个卷积层的滤波器权重和偏置；" $*$ "表示卷积操作；$\max(0,x)$ 是促进网络收敛的激活函数 ReLU。W_1 的大小为 $f_1 \times f_1 \times n_1$，其中 f_1 为卷积核尺寸，n_1 为滤波器的个数。$\boldsymbol{B}_1$ 为 n_1 维向量，每个元素对应一个滤波器。

第二个卷积层用于非线性映射的数学表达式如下：

$$F_2(P) = \max(0, W_2 * F_1(P) + \boldsymbol{B}_2) \tag{2-13}$$

其中，$F_1(P)$ 表示由第一个卷积层得到的响应，W_2 和 $\boldsymbol{B}_2$ 分别是第二个卷积层的滤波器权重和偏置。W_2 包含 n_2 个大小为 $f_2 \times f_2 \times n_2$ 的滤波器。$\boldsymbol{B}_2$ 为 n_2 维向量，每个元素对应一个滤波器。

第三个卷积层用于重构的数学表达式如下：

$$F_3(P) = W_3 * F_2(P) + \boldsymbol{B}_3 \tag{2-14}$$

其中，$F_2(P)$ 表示由第二个卷积层得到的响应，W_3 和 $\boldsymbol{B}_3$ 分别是第三个卷积层的滤波器权重和偏置。W_3 包含 n_3 个大小为 $f_3 \times f_3 \times n_3$ 的滤波器。$\boldsymbol{B}_3$ 为 n_3 维向量，每个元素对应一个滤波器。

上述未知的网络参数 $\Theta = \{W_1, W_2, W_3, \boldsymbol{B}_1, \boldsymbol{B}_2, \boldsymbol{B}_3\}$，一般通过最小化低分辨率的输入图像与标签之间的均方误差进行优化训练。MSE 目标损失函数的数学表达式如下：

$$L(\Theta) = \frac{1}{N} \sum_{i=1}^{N} \| F(P_i;\Theta) - Label_i \|^2 \tag{2-15}$$

其中，N 表示批训练样本个数；P 为图像块；$F(P_i;\Theta)$ 表示在 $\Theta = \{W_1, W_2, W_3, \boldsymbol{B}_1, \boldsymbol{B}_2, \boldsymbol{B}_3\}$ 的网络参数条件下，低分辨率的输入图像 P_i 经过网络优化训练后得到的结果；$Label_i$ 表示与低分辨率的输入图像 P_i 对应的标签图像块。图 2-9 给出了 SRCNN 与其他超分辨率重构方法的视觉效果对比图。

如图 2-9 所示，经过三倍上采样图像重构的结果能够看出，与其他超分辨率重构方法相比，SRCNN 可以更好地重构图像的纹理和细节，结果具有更好的重构质量并且获得更高的 PSNR 值。自从端对端的 SRCNN 模型提出以后，对图像复原任务带来了极其深远的影响，大多数的基于 CNN 的图像复原网络结构都遵循这样的网络构造方式。

Original / PSNR   Bicubic / 23.71 dB   SC / 24.98 dB   NE+LLE / 24.94 dB

KK / 25.60 dB   ANR / 25.03 dB   A+ / 26.09 dB   SRCNN / 27.04dB

图 2-9   SRCNN 与其他超分辨率重构方法经过三倍上采样重构的效果图

2.2.6   反卷积层

反卷积层又称转置卷积层(Transpose Convolution Layen),用于对其输入特征图进行上采样,以得到分辨率更高的特征图。反卷积是从低分辨率映射到大分辨率的过程,用于扩大图像尺寸。反卷积是一种特殊的正向卷积,而不是卷积的反过程。本章中使用反卷积层将经过卷积层缩小的特征图尺寸放大,用于复原图像特征的细节信息,并恢复图像高频细节信息。反卷积过程表达式如下:

$$f_{\text{de\_out}} = \sigma(w_{\text{de}} / f_{\text{de\_in}} + b_{\text{de}}) \tag{2-16}$$

其中,$f_{\text{de\_out}}$ 表示反卷积层的输出,σ 为 ReLU 激励函数,w_{de} 为反卷积层的权重,/ 表示反卷积操作,$f_{\text{de\_in}}$ 为反卷积层的输入,b_{de} 为反卷积层的偏置。

图 2-10 和图 2-11 分别给出了二维图像的卷积过程和反卷积过程示例。其中,蓝色方块为输入,绿色方块为输出,灰色方块为卷积核。卷积输出的计算表达式为:

$$o = \frac{i + 2p - k}{s} + 1 \tag{2-17}$$

其中 s、k、p 分别表示步长、卷积核的尺寸、填充(padding)大小,i 表示输入尺寸,o 表示输出尺寸。

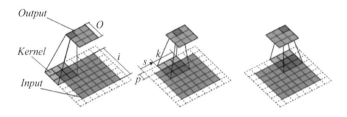

图 2-10　二维图像的卷积过程示例

反卷积的求解过程包含以下步骤:

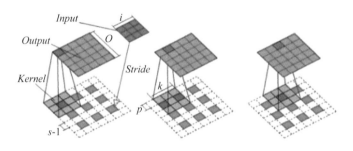

图 2-11　二维图像反卷积过程示例

2.2.7　非线性激活函数

在线性模型中,模型的输出为输入的加权和。假设一个模型的输出和输入满足以下关系,那么这个模型就是一个线性模型。

$$y = \sum_i w_i x_i + b \qquad (2\text{-}18)$$

其中,$w_i,b \in \mathbf{R}$ 为模型的参数。当模型只有一个输入的时候,x 和 y 构成了二维坐标系上的一条直线。以此类推,当模型有 n 个输入时,x 和 y 构成了 $n+1$ 维空间的一个平面。在一个线性模型中通过输入得到输出的函数称作线性变换。然而只通过线性变换,任意层的全连接神经网络和单层神经网络模型的表达能力没有区别。这是因为任意线性模型的组合仍然是线性模型,线性模型的复杂度有限,从数据中学习复杂函数映射的能力有限。为了增强神经网络的非线性和模型的表达力,需要在神经网络中引入一个非线性激活函数,通过对输入图像的数据进行非线性的组合。

在人工神经网络中，一个节点的激活函数定义了该节点在给定的输入或输入集合下的输出。Sigmoid 与 Tanh 激活函数被广泛用于卷积分类模型。两者均为 S 型饱和函数，在训练过程中很容易出现梯度弥散的问题。Krizhevsky 等人在 2012 年 ImageNet ILSVRC 比赛中首次使用了修正线性单元激活函数提升网络的非线性。修正线性单元具备良好的稀疏性，收敛速度快，计算简单，有效解决了 Sigmoid 与 Tanh 激活函数造成的梯度消失问题。由于修正线性单元在负值的梯度恒为零，神经元在训练过程中可能"坏死"。带泄露整流函数（Leaky ReLU）、参数修正线性单元等非线性激活函数克服了神经元"坏死"的问题。带泄露整流函数和参数修正线性单元引入了额外的超参数 α，需要根据不同需求对超参数 α 进行调整，这增加了模型训练难度。本小节概述了与本书图像去模糊网络相关的非线性激活函数及其优缺点。

1. Sigmoid 激活函数

Sigmoid 激活函数又名 Logistic 函数，它是线性回归转换为逻辑回归（Logistic Regression）的核心函数。由于 Sigmoid 激活函数具有非线性，并且其导数计算简洁，在机器学习领域，Sigmoid 激活函数被广泛应用于前馈神经网络的激活函数。Sigmoid 激活函数如图 2-12 所示，定义在全体实数域上，并且有界、可导、导数恒正。

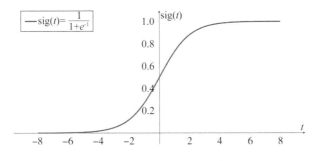

图 2-12　Sigmoid 激活函数

在神经网络中，使用 Sigmoid 激活函数可以为整个模型提供非线性建模能力。Sigmoid 激活函数表达式定义如下：

$$\sigma(x) = \frac{1}{1+\mathrm{e}^{-x}} = \frac{\mathrm{e}^{x}}{\mathrm{e}^{x}+1} \tag{2-19}$$

Sigmoid 激活函数的取值范围在 0 到 1 之间,它可以将一个实数映射到区间 $(0,1)$。与分段线性单元不同,Sigmoid 激活函数在其大部分定义域内都会趋于一个饱和的定值。当 x 取绝对值很大的正值的时候,Sigmoid 激活函数会饱和到一个高值(无限趋近于 1);当 x 取绝对值很大的负值的时候,Sigmoid 激活函数会饱和到一个低值(无限趋近于 0)。Sigmoid 激活函数是连续可导的,在零点时候导数最大,向两边逐渐降低,可以简单理解为输入非常大或者非常小的时候梯度为 0,不利于神经网络参数的更新优化,很容易导致训练不收敛或停滞不动的现象发生。这是因为在深度学习中网络通过反向传播的方式更新梯度,而反向传播的核心是链式法则。如果使用 Sigmoid 激活函数训练较深的神经网络,会导致每次传过来的梯度都会乘上小于 1 的值,经过多个卷积层后,梯度就会变得逐渐接近于 0,梯度因此消失了,对应的参数得不到更新。因而使用 Sigmoid 激活函数容易出现梯度弥散的现象,无法完成深层网络的训练;由公式可以看出,Sigmoid 激活函数表达式中参与了指数运算,并在反向传播求导过程中涉及除法运算,因此计算量较大。

2. 双曲正切激活函数

双曲正切激活函数的表达式定义如下:

$$\tanh(x) = \frac{e^x - e^{-x}}{e^x + e^{-x}} \tag{2-20}$$

通过函数表达式可以看出,Tanh 激活函数可由 sigmoid 激活函数平移缩放得到。如图 2-13 所示,Tanh 激活函数将输出值映射到 $(-1, 1)$ 区间,有点类似于幅度增大的 sigmoid 激活函数。Tanh 激活函数在原点附近与函数 $y = x$ 形式相近,当激活值比较低的时候,训练相对容易。Tanh 激活函数的变化敏感区间较宽,缓解梯度弥散的现象。相比于 Sigmoid 激活函数能够减少梯度弥散的现象;Tanh 激活函数的输出和输入能够保持非线性单调上升和下降的关系,符合反向传播网络梯度的求解,容错性好,有界。

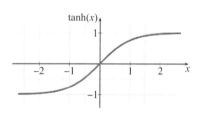

图 2-13 tanh 激活函数

3. 修正线性单元

当深度神经网络的浅层梯度几乎为 0 时,就会出现梯度消失的情况,因为网络更深层为 -1 或 1 时几乎饱和,即达到了 Tanh 激活函数的渐近线。这种

消失的梯度会导致网络收敛速度变慢,在某些
情况下,最终训练的网络会收敛到局部最小
值。因此,网络中的隐藏单元权重必须被初始
化,以防止在训练的早期阶段出现过拟合现
象。如图 2-14 所示,修正线性单元又称整流
线性单位函数,是一种人工神经网络中常用的
激活函数,它提供了一个替代正弦波非线性的
方法,解决上述提到的问题。修正线性单元的
表达式为:

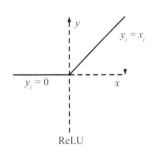

图 2-14　修正线性单元激活函数

$$\text{ReLU}(x) = \max(0, x) \tag{2-21}$$

当一个修正线性单元被激活时,它的偏导数是 1。因此,在一个任意的深
层网络中,沿着活跃隐藏单元的路径不存在梯度消失的现象。

修正线性单元具有一定的生物学原理,研究表明生物神经元的消息编码通
常是比较分散及稀疏的。通常情况下,大脑中在同一时间大概只有 $1\%\sim4\%$
的神经元处于活跃状态。使用线性修正以及正规化可以对机器神经网络中神
经元的活跃度(即输出为正值)进行调试;相比之下,Sigmoid 激活函数在输入
为 0 时达到 1/2,即已经是半饱和的稳定状态,不符合实际生物学对模拟神经
网络的期望。在使用修正线性单元的神经网络中大概有 50% 的神经元处于激
活态。

修正线性单元具有如下优势:(1)不饱和,当输入值为正的时候,梯度恒为
1,没有梯度弥散的现象,收敛速度快。(2)增大了网络的稀疏性。当输入值 x
<0 时,该层的输出为 0,训练完成后为 0 的神经元越来越多,稀疏性会变大,泛
化能力会变强。(3)修正线性单元和 Sigmoid 激活函数相比,无指数运算,计算
量小。由于修正线性单元在实践中有着比其他常用激活函数更好的模型表达
力效果,被诸如图像识别等计算机视觉人工智能领域广泛应用。

4. 带泄露整流函数

修正线性单元在优化过程中只要单元不激活梯度就为 0,这是因为基于梯
度的优化算法不会调整一个最初从未被激活的单元的权重。为了解决这个问
题,带泄露整流函数应运而生。带泄露整流函数的表达式:

$$\text{LeakyReLU}(x) = \begin{cases} x, & x \geqslant 0 \\ px, & x < 0 \end{cases} \tag{2-22}$$

带泄露整流函数是针对修正线性单元的缺陷提出的。修正线性单元在 x < 0 的时候导数恒为 0,致使很多神经元为 0,参数得不到更新。通过带泄露整流函数表达式也可以看出,与修正线性单元唯一的不同就是在 x < 0 的部分输出不是 0 而是 px,σ 为超参数,通常是一个较小的值。当 σ < 0 时,带泄露整流函数退化成修正线性单元;当 $\sigma \neq 0$ 时,且在 x < 0 时能够得到较小的导数值。从而避免了梯度消失的现象发生。

图 2-15 给出了带泄露整流函数的图形,它与修正线性单元函数几乎相同。带泄露整流函数牺牲了硬零(Hard-Zero)的稀疏性换取梯度,这提升了深度神经网络在优化过程中的稳定性。

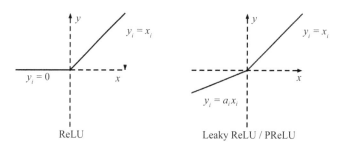

图 2-15　修正线性单元激活函数与带泄露整流函数

5. 参数整流线性单元

参数整流线性单元能够自适应地学习整流器的参数,并以忽略不计的额外计算成本提高准确性。此外,考虑到整流器(Rectifier)的非线性,He 等推导出一种稳健的初始化方法。用学习的参数化激活单元取代无参数的修正线性单元,可以提高分类的准确性。参数整流线性单元的表达式定义如下:

$$f(y_i) = \begin{cases} y_i, & y_i > 0 \\ a_i y_i & y_i \leqslant 0 \end{cases} \qquad (2\text{-}23)$$

其中,y_i 是第 i 个通道上的非线性激活函数 f 的输入;a_i 是一个控制负数部分斜率的系数,a_i 的下标 i 表示允许非线性激活函数在不同通道上的变化。当 $a_i = 0$ 时,它退化成为修正线性单元;当 a_i 是一个可学习的参数时,公式就是参数修正线性单元,相当于 $f(y_i) = \max(0, y_i) + a_i \min(0, y_i)$。如果 a_i 是一个固定的值($a_i = 0.01$),参数修正线性单元就变成了带泄露整流函数。带泄露整流函数的动机是为了避免零梯度。实验表明与修正线性单元相比,带泄露整流函数对精度的影响可以忽略不计。而参数化整流线性单元是自适应地与整个模型一起学习参数。

参数整流线性单元引入了数量非常少的参数,参数的数量等于通道总数,可以忽略不计。此外,He 等设计了一个在不同通道上共享非线性激活函数的参数修正线性单元:$f(y_i) = \max(0, y_i) + a\min(0, y_i)$。图 2-16 给出了修正线性单元和参数修正线性单元的图形。

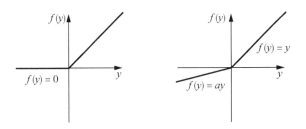

图 2-16　修正线性单元和参数修正线性单元的图形

参数整流线性单元可以使用反向传播算法进行训练,并与其他层同时优化。$\{a_i\}$ 更新的公式是由链式规则推导得到的。一层 a_i 的梯度表达式如下:

$$\frac{\partial \varepsilon}{\partial a_i} = \sum_{y_i} \frac{\partial \varepsilon}{\partial f(y_i)} \frac{\partial f(y_i)}{\partial a_i} \tag{2-24}$$

其中,ε 代表目标函数,$\dfrac{\partial \varepsilon}{\partial f(y_i)}$ 是指神经网络深层的梯度,激活的梯度定义如下:

$$\frac{\partial f(y_i)}{\partial a_i} = \begin{cases} 0, & y_i > 0 \\ y_i, & y_i \leqslant 0 \end{cases} \tag{2-25}$$

其中,$\sum_{y_i}$ 表示特征映射所有位置上的和。参数整流线性单元 a 的梯度是 $\dfrac{\partial \varepsilon}{\partial a} = \sum i \sum_{y_i} \dfrac{\partial \varepsilon}{\partial f(y_i)} \dfrac{\partial f(y_i)}{\partial a}$,其中 $\sum i$ 表示神经网络每一层上所有通道的和。对于前向传播和后向传播来说,参数整流线性单元产生的时间复杂性可以忽略不计。采用动量优化算法更新 a_i:

$$\Delta a_i = \mu \Delta a_i + \lambda \frac{\partial \varepsilon}{\partial a_i} \tag{2-26}$$

其中,μ 表示动量和学习率。需要说明的是,在更新 a_i 时没有使用权重衰减(L_2 正则化)。因为权重衰减往往会把 a_i 推到零,从而使参数整流线性单元变成修正线性单元。a_i 设置为 0.25 用于参数整流线性单元的初始化。

2.3 经典卷积网络模型结构

自 CNN 发展以来,出现了许多具有高性能的网络模型。这些网络通常作为基本模块,用于提高网络提取特征表示的能力。本节主要介绍几种与图像去模糊网络结构设计相关的经典卷积神经网络模型,具体包括 LeNet 网络、AlexNet 网络、VGGNet 模型与感知特征、残差网络、DenseNet 网络、Inception 网络以及生成对抗网络。

2.3.1 LeNet

LeNet 模型是 LeCun 等在 1989 年提出的一种用于手写体数字识别的 CNN 结构。在 MNIST 数据集上,LeNet-5 模型能够达到 99.2% 的正确率。与传统模式识别的模型相比,基于 CNN 的结构可以通过权值共享实现位移不变性(Shift Invariance),通过将隐藏结点的感受野限制在局部特征中来提取特征。LeNet 的网络结构如图 2-17 所示。

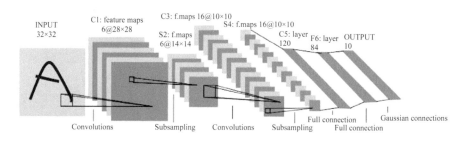

图 2-17　LeNet 模型的网络结构

从图 2-17 中能够看出,LeNet 网络总共包含七层。

第一层为卷积层。这一层的输入是图像分辨率为 32×32 的图像,卷积核的尺寸为 5×5,卷积核的个数为 6。本卷积层采用不使用全零填充的填充方式,因此这一层输出的尺寸为 $28 \times 28 \times 6$,其中 $32 - 5 + 1 = 28$。

第二层为池化层用于实现下采样,这一层的输入是第一层的输出 $28 \times 28 \times 6$。池化层采用卷积核的尺寸为 2×2,在水平和垂直方向的步长均为 2,

池化层的输出为 $14 \times 14 \times 6$ 。

　　第三层为卷积层,本层的输入为 $14 \times 14 \times 6$,采用卷积核的尺寸为 5×5 ,深度为 16,本卷积层采用不使用全零填充的填充方式,因此这一层输出的尺寸为 $10 \times 10 \times 16$,其中 $14 - 5 + 1 = 10$ 。

　　第四层为池化层,用于实现下采样,本层的输入为 $10 \times 10 \times 16$,池化层采用卷积核的尺寸为 2×2 ,在水平和垂直方向的步长均为 2,输出为 $5 \times 5 \times 16$ 。

　　第五层、第六层与第七层均为全连接层(Fully Connected Layer),分别输出 120 个、86 个和 10 个节点,用于完成手写体数字图像的分类识别。

2.3.2　AlexNet

　　Alex 等针对图像分类任务提出了一个较宽、较深的卷积神经网络,将 120 万张高分辨率图像分成 1000 种不同的类别,该网络称为 AlexNet。通过使用较宽的卷积核与增加特征通道数,AlexNet 提取出很多新的、不常见的特征,这些特征使得最终的图像分类结果有了较大的提升。此外,AlexNet 在并行的 GPU 上进行运算,解决了单个 GPU 内存对网络容量限制的问题。AlexNet 的网络结构如图 2-18 所示。

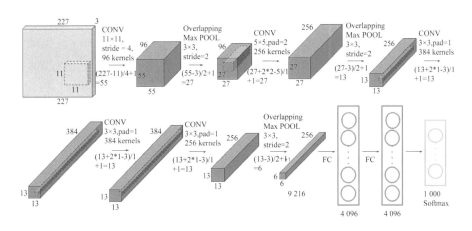

图 2-18　AlexNet 模型的网络结构

　　AlexNet 网络包含五个卷积层、两个全连接的隐藏层和一个全连接的输出层。如图 2-18 所示,输入图像的尺寸为 $224 \times 224 \times 3$,第一层为卷积层,输出 96 个尺寸为 11×11 的特征图,迭代步长为 4;第二个卷积层将第一个卷积层的输出作为输入,输出 256 个尺寸为 5×5 的特征图;第三层为卷积层,输出 384

个尺寸为3×3的特征图;第四个卷积层与第五个卷积层分别输出384个和256个尺寸为3×3的特征图;网络后三层为全连接层,均由4096个神经元组成。AlexNet 网络前七层均采用 ReLU 激活函数激活特征,最后一个全连接的输出层采用 Softmax 函数输出分类结果。

　　然而在训练 AlexNet 结构时,网络容易产生过拟合问题,针对这个问题提出了几点改进:(1)数据增强是最简单有效的抑制过拟合问题的方法,AlexNet 采用了两种数据增强的方法,一种是将图像进行平移和水平翻转,另一种数据增强的方法是采用主成分分析方法改变训练图像 RGB 通道的强度,这使得 top－1 的错误率降低了1%以上;(2)第二种抑制过拟合的方法是在两个全连接的隐藏层上采用 Dropout 操作,以50%的概率将隐藏神经元置零,这些置零的神经元不会进行前向传播与反向传播,因此每次训练网络都采用不同的架构,但所有参数都是共享的,可有效提高神经网络的鲁棒性。此外,在第一个、第二个和第五个卷积层之后应用了 MaxPooling 操作,用于解决网络过拟合的问题。

2.3.3　VGGNet 模型与感知特征

　　2014年,Simonyan 等通过构建一组网络结构相对统一、超参数相对较少、深度可变的卷积网络 VGGNet,探究网络深度对图像识别精度的影响。VGG-Net 根据网络层数的不同可分成6种不同的模型,模型 VGGNet-A 和模型 VGGNet-A-LRN 包括11层,模型 VGGNet-B 包括13层,模型 VGGNet-C 和 VGGNet-D 包括16层,模型 VGGNet-E 包括19层(上述模型中的池化层均忽略不计)。模型 VGGNet-C 引入1×1的卷积,在不改变特征维度的情况下显著地增加了模型的非线性。除模型 VGGNet-C 外,其他网络模型的卷积核均为3×3。VGGNet-D 和 VGGNet-E 在神经网络中最为常见,通常称为 VGG16 和 VGG19。下面,对本书中使用的 VGG19 进行介绍,其结构如图 2-19所示。

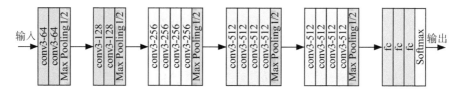

图 2-19　VGG19 网络结构

VGGNet 网络可分为六个部分,第一部分包括两个卷积层,输出特征通道数为 64;第二部分包括两个卷积层,输出特征通道数为 128;第三部分至第五部分均包含 4 个卷积层,输出特征通道数分别为 256、512 和 512,第六部分包括 3 个全连接层和 1 个 Softmax 层。每部分网络之间使用 2 × 2 的最大池化层(Max Pooling Layer)减少网络参数。

ImageNet 数据集涵盖了 2 万多个类别的 1400 多万幅图片。在 ImageNet 上训练模型 VGG19,使得训练后的 VGG19(Pretrained-VGGNet)模型能够学习丰富的多种类别的图像语义特征,这对低级别的图像处理任务带来极大的启示和便利。具体来说,图像输入训练收敛的 VGGNet 网络后分辨率不断地缩小并且特征通道数也逐渐地增加,浅层网络提取到的是倾向于纹理、细节等低维度的图像特征,随着网络深度的增加,网络提取到倾向于结构性的图像特征。可以直接在已经训练收敛的 VGG19 模型的卷积层中(不包括全连接层)提取图像的高阶语义特征。这种语义特征先验作为感知目标损失函数可以促进网络的收敛,使得生成的图像具有良好的视觉效果。

2.3.4　残差模块

2015 年,He 等首次引入基于深度残差网络结构(Residual Neural Network,ResNet),用来解决在训练过深的网络时出现的梯度爆炸或梯度消失的现象。ResNet 的残差模块结构如图 2-20(a)所示。

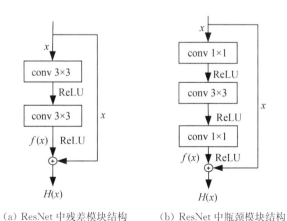

(a) ResNet 中残差模块结构　　　(b) ResNet 中瓶颈模块结构

图 2-20　ResNet 中两种模块结构

其中,x 表示输入,$f(x)$ 表示中间卷积层的输出,$H(x)$ 表示残差单元的

输出。残差单元输入与输出的关系如式(2-27)所示:

$$H(x) = f(x) + x \qquad (2\text{-}27)$$

残差模块只需要计算网络单元输入输出之间的差值 $H(x) - x$,因为残差映射比期望映射更容易优化。随着网络深度的增加,引入 ResBlocks 能够降低网络优化的难度。此外,为减少网络计算的复杂度,其设计了如图 2-20(b)所示的瓶颈模块结构。图 2-20(a)与图 2-20(b)的不同之处在于,图 2-20(b)的结构中使用了两个卷积核为 1×1 的卷积层,其目的是保持输出特征维度不变的情况下减少模块的计算复杂度。

为了验证残差网络的有效性,He 等将 ResNet 残差单元结构作为变量,分别采用 18 层和 34 层的卷积神经网络进行对比实验,测试残差网络是否有助于提升网络的性能。训练结果如图 2-21 所示。

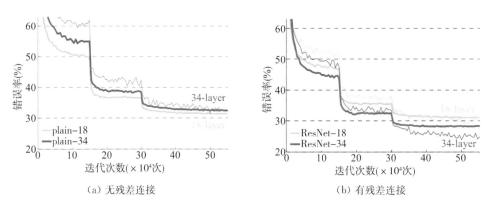

(a) 无残差连接 (b) 有残差连接

图 2-21 无残差连接和有残差连接训练结果

图 2-21(a)为无残差连接的 CNN 的训练结果,图 2-21(b)为有残差连接的 CNN 的训练结果,红色和绿色的粗线分别表示 18 层和 34 层的 CNN 在训练集的错误率,相应的红色和绿色的细线分别表示 18 层和 34 层的 CNN 在验证集的错误率。可以看出当网络深度增加后,无残差连接的 CNN 无论是在训练集还是验证集上都表现出较弱的识别能力。与之相对的是,在加入残差连接后,CNN 识别的错误率降低,网络性能提升,进而验证了残差连接有助于提升深度模型的分类精度。后来,残差网络总是作为一个独立的模块嵌入到图像复原的网络模型中,用于降低网络优化训练的难度、促进梯度的反向传播。

2.3.5 DenseNet 网络

ResNet 通过求解残差和的方式将该层的输入与输出建立连接,实现特征图像的前向传递,并有助于网络的梯度反向传播。然而,ResNet 通过求和运算处理前层与深层的连接会阻碍信息流的传递,而且网络中的很多层贡献较小,可以随机丢弃,并且每层都有权重参数,计算量较大,不利于网络的优化训练。此外,更重要的是,网络浅层和深层的特征之间无法建立有效连接,使得网络忽略了具象的特征。

基于此,2017 年,Huang 等提出了 DenseNet,利用卷积层之间的密集连接,将尺寸匹配的特征图拼接在一起。与 ResNet 不同,为了促进网络梯度的前向传播,DenseNet 没有将前层特征与当前层特征进行求和运算,而是通过特征的拼接操作对前层特征进行复用,并将当前卷积层的特征图传递给所有后续层。稠密块的提出,使得每一层都与输入和损失函数有直接的连接,实现了一种隐藏的深度监督。通过特征的拼接,卷积层与层之间的连接增多,一定程度上克服了梯度消失问题,促进了特征之间的复用和传播,并减少了网络训练的参数。DenseNet 有助于减少网络对 GPU 显存的要求,提升计算效率。DenseNet 的基本组成模块为稠密块,稠密块的结构如图 2-22 所示。

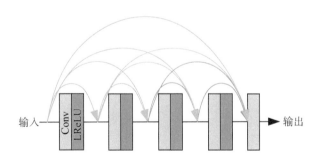

图 2-22 稠密块结构

图 2-22 为 5 层稠密块结构。当稠密块中有 L 个卷积层,第 l 层的输入是由前面所有卷积块的特征图组成,当前卷积层的特征图被传递给所有 $L-l$ 个后续层。此模块中有 $L(L+1)/2$ 个连接。DenseNet 的具体参数如表 2-1 所示。

表 2-1   几种 DenseNet 网络参数

Layers	Output Size	DenseNet-121	DenseNet-169	DenseNet-201	DenseNet-264
Convolution	112×112	$7×7$ conv, stride 2			
Pooling	56×56	$3×3$ Max pooling, stride 2			
Dense Block(1)	56×56	$\begin{bmatrix}1×1 & conv\\3×3 & conv\end{bmatrix}×6$	$\begin{bmatrix}1×1 & conv\\3×3 & conv\end{bmatrix}×6$	$\begin{bmatrix}1×1 & conv\\3×3 & conv\end{bmatrix}×6$	$\begin{bmatrix}1×1 & conv\\3×3 & conv\end{bmatrix}×6$
Transition Layer(1)	56×56	$1×1$ conv			
	28×28	$2×2$ Max pooling, stride 2			
Dense Block(2)	28×28	$\begin{bmatrix}1×1 & conv\\3×3 & conv\end{bmatrix}×12$	$\begin{bmatrix}1×1 & conv\\3×3 & conv\end{bmatrix}×12$	$\begin{bmatrix}1×1 & conv\\3×3 & conv\end{bmatrix}×12$	$\begin{bmatrix}1×1 & conv\\3×3 & conv\end{bmatrix}×12$
Transition Layer(2)	28×28	$1×1$ conv			
	14×14	$2×2$ Max pooling, stride 2			
Dense Block(3)	14×14	$\begin{bmatrix}1×1 & conv\\3×3 & conv\end{bmatrix}×24$	$\begin{bmatrix}1×1 & conv\\3×3 & conv\end{bmatrix}×32$	$\begin{bmatrix}1×1 & conv\\3×3 & conv\end{bmatrix}×48$	$\begin{bmatrix}1×1 & conv\\3×3 & conv\end{bmatrix}×64$
Transition Layer(3)	14×14	$1×1$ conv			
	7×7	$2×2$ Max pooling, stride 2			
Dense Block(4)	7×7	$\begin{bmatrix}1×1 & conv\\3×3 & conv\end{bmatrix}×16$	$\begin{bmatrix}1×1 & conv\\3×3 & conv\end{bmatrix}×32$	$\begin{bmatrix}1×1 & conv\\3×3 & conv\end{bmatrix}×32$	$\begin{bmatrix}1×1 & conv\\3×3 & conv\end{bmatrix}×48$
Classification Layer	1×1	$7×7$ global average pooling			
		1000D fully-connected，Softmax			

表 2-1 中，每种 DenseNet 都有 4 组稠密块组成，其中每个稠密块在 $3×3$ 的卷积之前，都有一个 $1×1$ 的卷积，用于减少输入该稠密块的特征数，降低网络训练的参数量。每组稠密块之间都用一个过渡层连接，用于减少特征数量、增大网络的感受野。最后采用步长为 7 的池化层提取显著性特征，并使用 Softmax 激活函数对输入数据进行分类。

2.3.6   Inception 网络

Inception 网络是 GoogLeNet 网络的核心模块。在提出 Inception 网络之前，大多数 CNN 只是通过堆栈卷积层的方法扩大网络的感受野，以此提升网络的性能。Inception 网络的结构相对复杂，Szegedy 等使用了很多技巧来提高网络在运行速度和准确性方面的性能。Inception 不断演进产生了 4 个版本，它们分别是 Inception-v1、Inception-v2、Inception-v3 和 Inception-v4。下面分别对 Inception 系列网络结构进行详细介绍。

1. Inception-v1

提高深度神经网络性能最直接的方法是增加网络规模,这包括网络的两个维度:(1)深度,即网络的层数;(2)宽度,即网络每一层的卷积层数目。对于大量标记的训练数据,这种提高网络模型质量的方式是简单而直接的。然而,这种解决方案有两个明显的缺点:(1)更大的网络规模代表着更多的网络参数。对于有限的训练数据来说,这会使得网络更容易产生过拟合的现象。然而,创建高质量的训练集需要耗费大量的人力和资源,特别是需要人类专家来区分同一视觉类别的细粒度问题。(2)增加网络规模的另一个缺点是计算资源使用的急剧增加。对网络模型的设计和训练,计算预算总是有限的,所以计算资源的有效分配比不加选择地增加规模更可取。

Arora 等研究发现,如果数据集的概率分布可以由一个大型的、非常稀疏的深度神经网络来表示,那么最佳的网络拓扑结构可以通过分析最后一层激活的相关性统计来逐层构建。Szegedy 等认为解决这两个问题的根本方法是实现从完全连接到稀疏连接的架构。基于这种思想,Szegedy 等提出了 Inception-v1 模型。

在深入研究 Inception 模型之前,需要对 Inception 网络中的一个重要概念进行说明。卷积核为 1×1 的卷积层(下面,简述为 1×1 卷积层)简单地将一个输入像素及其所有的通道映射到一个输出像素。因此,1×1 卷积层用于网络模型的降维。下面举例说明 1×1 卷积层对网络模型的降维过程。如图 2-23(a)所示,当 1×1 卷积层不参与网络模型降维时,卷积层涉及的参数量为$(14 \times 14 \times 48) \times (5 \times 5 \times 480) = 112.9M$。如图 2-23(b)所示,当 1×1 卷积层参与网络模型降维时,1×1 卷积层涉及的参数量为$(14 \times 14 \times 16) \times (1 \times 1 \times 480) = 1.5M$,$5 \times 5$ 卷积层涉及的参数量为$(14 \times 14 \times 48) \times (5 \times 5 \times 16) = 3.8M$。两个卷积层总的参数量为 $1.5M + 3.8M = 5.3M$。通过上面的例子可以看出,卷积核尺寸为 1×1 的卷积层能够降低模型参数。此外,1×1 的卷积层还能起到线性激活的作用。下面,具体介绍 Inception-v1 的模型结构。

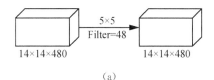

(a)

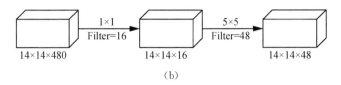

(b)

图 2-23 1×1 卷积层对网络模型的降维过程

与过深的网络模型 VGG 相比,Szegedy 等设计了一种浅而宽的网络结构。如图 2-24(a)所示,网络上一层的特征同时传入到四个分支,它们分别是 1×1 的卷积层,3×3 的卷积层,5×5 的卷积层和 3×3 的最大池化层。这种多分支的结构既增加了网络的宽度,也增强了网络对不同尺度特征的适用性,还间接地加速了网络梯度前向和反向传播的速度。四个分支输出后在通道维度上进行连接,并作为下一层的输入。通过对补丁的大小进行调整,保证这四个特征在通道维度上的一致。尽管如此,3×3 和 5×5 的卷积层依然会产生较大的计算量。受 Network in Network 的启发,使用 1×1 的卷积层对特征图的数目进行降维,最终产生了如图 2-24(b)所示的 Inception-v1 的网络结构。

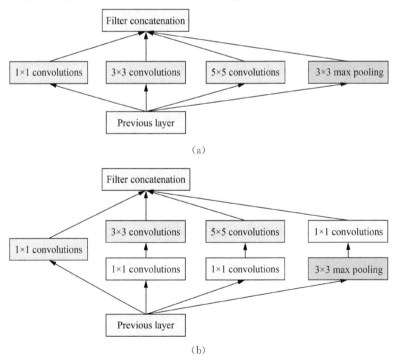

图 2-24 Inception-v1 的网络结构与参数

2. Inception-v2

训练深层神经网络很复杂,因为在训练过程中,随着前几层参数的变化,每层输入的分布也在变化。这需要较低的学习率和谨慎的参数初始化,从而减慢训练速度,这也使得训练具有饱和非线性的模型变得较为困难。Szegedy 等把这种现象称为内部协变量移(Internal Covariate Shift),并通过归一化图层输入来解决这个问题。Inception-v2 提出了著名的批量归一化方法(Batch Normalization,BN)。将归一化作为模型结构的一部分,并对每一个 mini-batch 数据的内部进行标准化,使输出规范到 $N(0,1)$ 的正态分布,减少了内部神经元的数据分布发生变化。这可以令大型卷积网络的训练速度加快很多倍。收敛后的分类准确率也能够得到大幅提高,远超于 Inception-v1 模型的性能——top5 错误率 4.8%。此外,批量归一化方法还起到了正则化的作用,可以减少 Dropout,简化模型结构。

3. Inception-v3

Szegedy 等对网络结构的设计给出了总体设计方案:

(1) 避免在模型底层使用卷积核的尺寸为 1×1 的瓶颈层来表征特征。前馈神经网络是一个从输入层到分类器的无环图,明确了特征流动的方向。对于网络中任何将输入和输出分开的隔断,都可以评估出通过该隔断的信息量。在网络中,应该避免压缩率较高的瓶颈层。通常,表征尺寸应该从输入到输出逐渐减小,直到表征用来完成当前的任务。

(2) 更高维度的表征更容易在网络的局部中处理。增加卷积神经网络中每层的卷积核个数能够获得耦合性更低的特征,这样的特征具有高内聚低耦合的特点,能够加速收敛。

(3) 通过低维度嵌入来完成空间聚合,如采用瓶颈层进行特征维度缩减,这样几乎不影响表征能力,但通常限于网络模型顶层部分。例如,在使用 3×3 卷积进行空间聚合时,可以使用瓶颈层降低输入表征的维度。作者猜测,网络顶层输出的特征层尺寸较小、信息量丰富,导致各个特征层之间关联性较高,因此降维导致的信息损失很小。鉴于这些信号应易于压缩,降维甚至可以促进更快的学习。

(4) 平衡网络的宽度和深度。可以通过平衡每个阶段(层)的卷积核数目和网络深度来优化网络的性能。在合理分配计算资源的前提下,增加宽度和深度能够提升网络的性能。

分解尺寸较大的卷积核：依靠堆叠卷积层可以提高图像识别的准确率，但会产生计算效率下降的问题。Inception-v1 的解决方案是在网络模块中引入 1×1 的卷积层，从而减少网络参数数目。Inception-v3 进一步考虑如何在不显著提升网络参数量的前提下，增强网络的表达能力。一个 5×5 卷积层的参数量是一个 3×3 卷积层参数量的 2.78 倍（$25/9=2.78$）。如图 2-25(a)所示，在 Inception-v3 架构中，5×5 的卷积层被两个 3×3 的卷积层取代。3×3 的卷积核是能够获取图像上下文信息的最小卷积核。这种缩小卷积核的方式，减少了网络的参数，提高了计算速度，更重要的是通过增加非线性映射提升了网络架构的性能。

为了延续采用小卷积核提取特征表示的设计思想，Szegedy 等提出了的非对称卷积的概念。图 2-25(a)可以转换为如图 2-25(b)的网络架构，其将 3×3 的卷积层分解为 1×3 的卷积层和 3×1 的卷积层。对于 3×3 的卷积层，其参数数量为 $3 \times 3=9$；对于两个卷积核分别为 3×1 和 1×3 的卷积层，参数数量为 $3 \times 1+1 \times 3=6$。这种非对称的卷积层直接降低了 33% 的计算复杂度。

为了解决表征瓶颈的问题，图 2-25(c)对图 2-25(a)进行了改进，扩大了模型的宽度，而不是加深网络的深度。如图 2-25(c)所示，这将防止网络过深造成的信息损失。

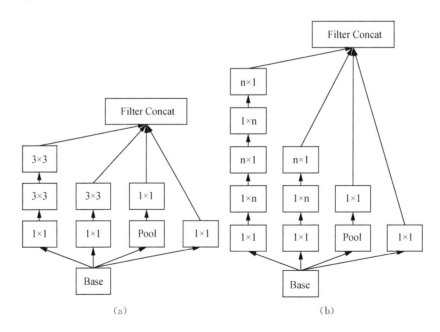

(a)　　　　　　　　　　　　　　　　(b)

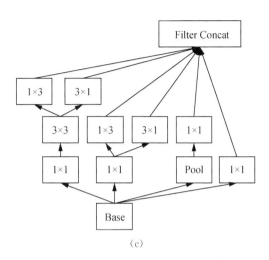

（c）

图 2-25 Inception-v2 的网络结构与参数

GoogLeNet-v3 的网络结构与参数如表 2-2 所示,其中图 2-25(a)表示将 5×5 卷积层替代为两个 3×3 卷积层的结构,图 2-25(b)表示将 $n\times n$ 卷积层替代为 $1\times n$ 和 $n\times1$ 卷积层的结构,图 2-25(c)所示的结构主要应用于高维特征。

表 2-2 GoogLeNet-v3 的网络结构与参数

type	patch size/strideor remarks	input size
conv	$3\times3/2$	$299\times299\times3$
conv	$3\times3/1$	$149\times149\times32$
conv padded	$3\times3/1$	$147\times147\times32$
pool	$3\times3/2$	$147\times147\times64$
conv	$3\times3/1$	$73\times73\times64$
conv	$3\times3/2$	$71\times71\times80$
conv	$3\times3/1$	$35\times35\times192$
$3\times$Inception	如图 2-32(a)所示	$35\times35\times288$
$5\times$Inception	如图 2-32(b)所示	$17\times17\times768$
$7\times$Inception	如图 2-32(c)所示	$8\times8\times1\,280$

type	patch size/strideor remarks	input size
pool	8×8	8×8×2 048
linear	logits	1×1×2 048
softmax	classfier	1×1×1 000

4. Inception-v4

近年来,深度卷积网络是图像识别性能取得进展的核心。Inception 网络结构被证明能以相对较低的计算成本实现好的图像识别性能。Inception-v4 之前的模型将整个网络被划分为多个子网,并以分块的方式进行训练。然而,Inception 的架构具有高度可调性,这表示可以对网络中的卷积层以及卷积核的数目进行调整,而不会对整个模型的质量产生影响。为了优化网络训练速度,Szegedy 曾在 Inception-v1 和 Inception-v3 中精心调整了网络的宽度和深度,以平衡各种模型之间的运算。2016 年 Tensorflow 开始广泛使用,Tensorflow 对内存的占用做了很多优化,这时就不需要将整个网络结构进行分块训练。在这样的技术背景下,Szegedy 等对 Inception-v4 中的子模块做出统一的设置,并提出了 Inception-v4 网络。

鉴于残差连接在识别精度和训练速度上展现出的优异表现,Szegedy 等考虑在 Inception-v4 中将残差连接和 Inception 模型进行结合,尝试了很多种包含残差结构的 Inception 架构,但是只在文献中列出了 Inception-Resnet-v1 和 Inception-Resnet-v2 两种模型。其中,Inception-Resnet-v1 与 Inception-v3 的计算量相当,Inception-Resnet-v2 与 Inception-v4 的计算量相当。实验结果表明,结合残差连接可以显著加速 Inception 的训练,也有一些证据表明包含残差连接的 Inception 网络在相近的成本下,网络性能略微超过不包含残差连接的 Inception 网络。下面,分别对 Inception-v4、Inception-ResNet-v1 和 Inception-ResNet-v2 模型进行详细介绍。

Inception-v4 网络的架构图如图 2-26 所示,其中 Stem 模块、Inception-A 模块、Inception-B 模块、Inception-C 模块、Redution-A 模块、Redution-B 模块,如图 2-27～图 2-32 所示。这些图中未标记"V"的卷积层,表示使用全零填充,使得特征的输出与输入尺寸一致;图中标记"V"的卷积层,表示不使用全零填充。

Inception-v4 网络的 Stem 模块如图 2-27 所示,用于对进入 Inception 模

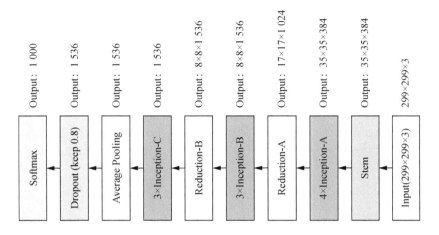

图 2-26　Inception-v4 网络结构

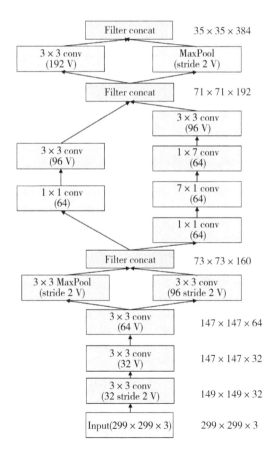

图 2-27　Stem 模块

块前的数据预处理。Stem 模块采用 Inception-v3 模型中的非对称卷积层,用于降低模型的算法复杂度;采用 Inception-v1 模型中的卷积核为 1×1 的卷积层减少模型参数,强化线性激活的作用;采用了 Inception-v1 模型中的卷积+MaxPool 并行的结构,防止特征表示瓶颈的问题。如图 2-28 、2-29、2-30 所示,Inception-v4 网络采用了 3 种共 14 个 Inception 模块,Inception-A、Inception-B 和 Inception-C 的模块依然延用了 Inception-v3 中的架构设计。Inception-A、Inception-B 和 Inception-C 模块间的 Reduction 模块用于改变网格的宽度和高度。

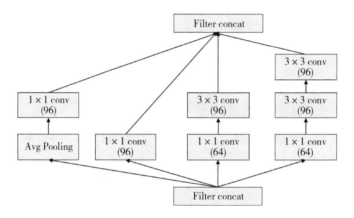

图 2-28 Inception-A 模块

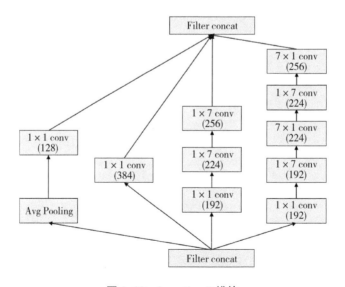

图 2-29 Inception-B 模块

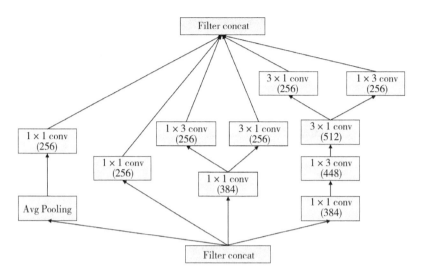

图 2-30　**Inception-C 模块**

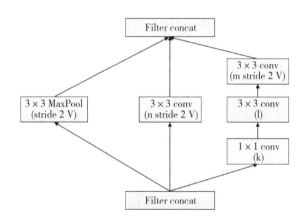

图 2-31　**Redution-A 模块**

在 Inception-ResNet 网络中,使用了比 Inception 网络计算开销更低的 In-ception 模块。每个 Inception 模块后面都添加一个不包含激活函数的卷积核为 1×1 的卷积层,使得网络的输入与输出具有相同的维度。Inception-Res-Net-v1 和 Inception-ResNet-v2 网络结构如图 2-33 所示。Inception-ResNet-A、Inception-ResNet-B 和 Inception-ResNet-C 模块如图 2-34、2-35、2-36 所示,Inception-ResNet 网络采用了 3 种共 20 个残差 Inception 模块,这些模块中的池化层被残差连接所替代,并在残差运算之前引入卷积核为 1×1 的卷积层,

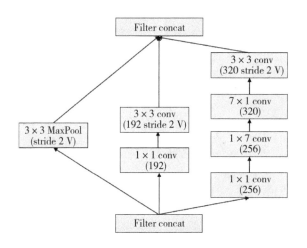

图 2-32   Redution-B 模块

这使得卷积操作之后的输入和输出特征保持相同的维度。

　　包含残差连接的 Inception 模型与 Inception-v4 模型存在一个显著的技术差异：在 Inception-ResNet 模型中，仅在传统层上使用 BN，并未在完成输入与输出相加的层使用 BN。在所有层都使用 BN 是合理的、有益的，但是为了使每个模型副本能够在单个 GPU 上训练，并未这么做。事实证明，拥有较大核（激活尺寸/卷积核）的层消耗的内存，与整个 GPU 内存相比是不成比例的，明显较高。通过去掉这些层的 BN 操作，能够大幅提高 Inception 模块的数目。Szegedg 希望能够有更好的计算资源利用方法，从而省去对 Inception 模块数目和层数之间的权衡。

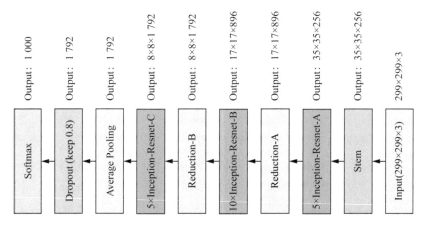

图 2-33   Inception-ResNet-v1 和 Inception-ResNet-v2 的结构

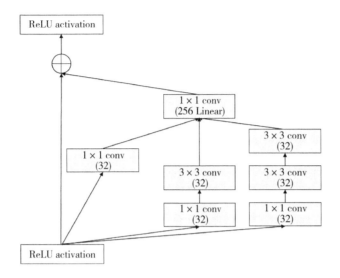

图 2-34　Inception-ResNet-A 结构

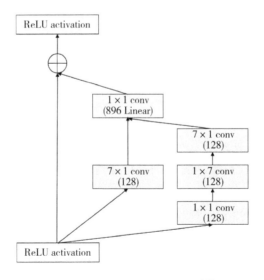

图 2-35　Inception-ResNet-B 结构

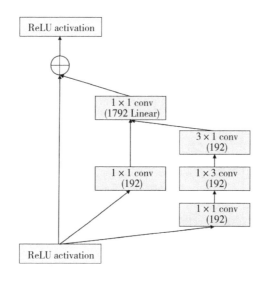

图 2-36 Inception-ResNet-C 结构

残差模块缩放：Szegedy 等发现，特征数目超过 1000，包含残差连接的 Inception 网络将变得不稳定，迭代训练上万次之后，在平均池化层之前的层只输出 0。即使降低学习率、添加额外的批量归一化层也无法避免。与之类似的是，对于深度残差网络的训练，He 等提出了两阶段的训练。第一阶段，称为"预热"阶段，以较低的学习率进行训练；然后再在第二阶段采用较高的学习率训练网络。然而 Szegedy 等发现，如果特征数目非常多，即使学习率极低（如 0.000 01）也无法解决网络训练不稳定的问题，并且第二阶段较高的学习率很可能降低第一阶段的学习效果，降低模型性能。Szegedy 等发现，对残差模块进行缩放，这样可以使得网络的训练过程变得稳定。通常采用 0.1 至 0.3 之间的缩放因子来缩放残差层，然后再将其添加到之前的层上。

2.4 生成对抗网络与图像去模糊

生成对抗网络是由 Ian Goodfellow 和他的研究团队在 2014 年提出的一类新的机器学习框架，是一种基于可微生成器网络的生成式建模方法。近年来，GAN 在图像去模糊任务中也得到了很好的应用。本节首先介绍生成对抗网络的基本原理，然后说明生成对抗网络的应用。

2.4.1　生成对抗网络的框架

生成对抗网络的一般网络框架如图 2-37 所示。

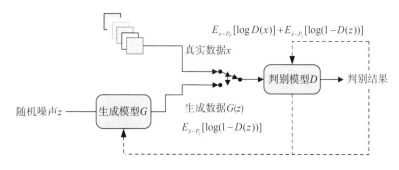

图 2-37　生成对抗网络的框架

图 2-37 中,将随机噪声 z 作为先验信息输入到生成网络 G 中,可以得到与真实数据样本分布类似的生成数据 $\tilde{x}$,即 $G(z)=\tilde{x}$。判别网络 D 是一个对真实数据 x 和生成数据 $\tilde{x}$ 进行判别区分的二分类网络,通过输出区间为 $[0,1]$ 的值,表示给定图像是真实数据的概率。其中,概率值越接近于 1 就表示给定图像是真实图像的可能性越大;概率值越接近于 0 就表示给定图像是生成图像的可能性越大。

生成对抗网络通过反向传播的方式,分别更新生成网络 G 和判别网络 D 的参数,一方面,使判别网络 D 提升自身的鉴别能力,能准确区分生成图像和真实图像,另一方面,使生成网络 G 能够产生与真实数据接近的样本,使得判别网络难以辨别样本的真假。生成对抗网络的损失函数如式(2-28)所示:

$$\min_{G} \max_{D} V(D,G) = E_{x \sim P_r}\left[\log D(x)\right] + E_{\tilde{x} \sim P_{\tilde{x}}}\left[\log(1-D(G(z)))\right]$$

$$(2-28)$$

其中,P_r 和 $P_{\tilde{x}}$ 分别表示训练样本和生成数据的数据分布,$D(x)$ 和 $D(G(z))$ 分别表示判别网络对训练样本和生成数据的判别结果。$E_{\tilde{x} \sim P_{\tilde{x}}}\left[\log(1-D(z))\right]$ 表示生成网络的目标损失函数,当 $D(G(z))$ 趋近于 1 时表示生成的数据足够接近训练样本,此时生成网络的损失最小;$E_{x \sim P_r}\left[\log D(x)\right] + E_{\tilde{x} \sim P_{\tilde{x}}}\left[\log(1-D(z))\right]$ 表示判别网络的损失,当 $D(x)$ 趋近于 1 并且 $D(G(z))$ 趋近于 0 时表示判别网络 D 能够将生成数据从真实数据中区分出来,此时该网络目标损失最大。在网络的训练阶段,生成网络 G 和判别网络 D 通过竞争学习,最终达到纳什均衡(Nash Equilibrium)。

生成对抗网络的设计源于"二人零和"博弈的思想,其中生成网络 G 和判别网络 D 分别表示博弈中的双方。给定一个训练集(真实的图像),生成网络 G 学习生成与训练集具有相同统计数据的图像,判别网络 D 区分给定图像是来自训练样本的真实图像还是由生成网络 G 生成得到的图像。生成对抗网络训练过程中,生成网络 G 希望生成的图像能够尽可能骗过判别网络 D;而判别网络 D 则期望尽可能的将生成的图像从真实图像中区分出来。整个训练过程呈现出一种相互竞争的状态,致使生成网络 G 和判别网络 D 不断地迭代更新直到达到平衡。图 2-38 所示是生成对抗网络的一个训练过程示意图。

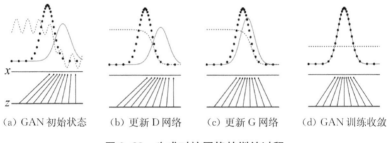

(a) GAN 初始状态　　(b) 更新 D 网络　　(c) 更新 G 网络　　(d) GAN 训练收敛

图 2-38　生成对抗网络的训练过程

图 2-38 中,(a)代表初始状态;(b)表示固定 G 网络参数,更新 D 网络,使得判别网络能区分出生成数据;(c)表示固定网络 D 参数,更新 G 网络,使得生成的数据足够逼真;(d)表示网络训练收敛的状态,即 G 和 D 经过多次迭代之后,生成图像和真实图像的数据分布达到一致,并且 D 无法判断输入的样本属于真实数据还是生成数据。黑色的点组成的曲线代表训练样本(真实图像)的数据分布,由绿色的点构成的曲线代表生成网络 G 产生的数据(生成图像)分布,由蓝色的点构成的曲线代表判别网络 D。

2.4.2　生成对抗网络的演变

生成对抗网络自从被提出就在各领域得到广泛的应用,但是在训练生成对抗网络时存在高度不稳定的问题,具体表现为:在生成对抗网络的训练过程中,当判别网络快速收敛到零时,生成网络会生成相同的样本,整个网络梯度消失,进一步导致生成网络和判别网络难以收敛。WGAN(Wasserstein GAN)通过引入推土机距离(Earth Mover's Distance,EMD)度量生成数据分布 P_g 与真实数据分布 P_r 之间的差距,对生成对抗网络进行改进,其保证损失函数处处可导,提升网络训练的稳定性。推土机距离如式(2-29)所示:

$$W(P_r, P_g) = \inf_{\gamma \sim \Pi(P_r, P_g)} E_{(x,\tilde{x}) \sim \gamma} \big[\parallel x - \tilde{x} \parallel \big] \qquad (2\text{-}29)$$

其中, $\gamma \sim \Pi(P_r, P_g)$ 表示 P_r 和 P_g 组合起来的所有可能的联合分布,对于每一个可能的联合分布 γ 而言,可以从 $(x, \tilde{x}) \sim \gamma$ 中采样得到一个真实样本数据 x 与生成数据 $\tilde{x}$,并计算出这对数据之间的距离 $\parallel x - \tilde{x} \parallel$,可以计算所有联合分布 γ 下数据对之间距离的期望值 $E_{(x,\tilde{x}) \sim \gamma} \big[\parallel x - \tilde{x} \parallel \big]$, $W(P_r, P_g)$ 表示所有联合分布 γ 的期望值的下界,即推土机距离。然而,公式(2-29)中的 $\inf_{\gamma \sim \Pi(P_r, P_g)}$ 项无法直接求解,使用其对偶形式将公式(2-29)转换成公式(2-30):

$$W(P_r, P_g) = \frac{1}{K} \sup_{\parallel f_w \parallel_L \leqslant K} E_{x \sim P_r} \big[f(x) \big] - E_{\tilde{x} \sim P_g} \big[f(\tilde{x}) \big] \qquad (2\text{-}30)$$

此外,权重 w 定义可能的函数 f_w,公式(2-30)可以转换成公式(2-31)进行近似地求解:

$$K \cdot W(P_r, P_g) \approx \max_{w: \parallel f_w \parallel_L \leqslant K} E_{x \sim P_r} \big[f(x) \big] - E_{\tilde{x} \sim P_g} \big[f(\tilde{x}) \big] \qquad (2\text{-}31)$$

其中,在满足 $\parallel f_w \parallel_L \leqslant K$ 这个条件的限制下, K 值的大小不会影响梯度的方向,只需要将神经网络 f_w 的权重限定在某一范围 $[-c, c]$(c 为固定的实数值)内,使得 Lipschitz 连续条件得以满足,即 $|f(x_1) - f(x_2)| \leqslant K|x_1 - x_2|$。

至此,在限制推土机距离不超过固定范围的条件下,得到真实样本分布与生成数据分布之间的推土机距离,其数学表达式如式(2-32)所示:

$$L = E_{x \sim P_r} \big[f_w(x) \big] - E_{\tilde{x} \sim P_g} \big[f_w(\tilde{x}) \big] \qquad (2\text{-}32)$$

WGAN 生成网络和判别网络的损失函数分别如式(2-33)和式(2-34)所示:

$$L_{\text{WGAN}}(G) = -E_{\tilde{x} \sim P_g} \big[f_w(\tilde{x}) \big] \qquad (2\text{-}33)$$

$$L_{\text{WGAN}}(D) = E_{\tilde{x} \sim P_g} \big[f_w(\tilde{x}) \big] - E_{x \sim P_r} \big[f_w(x) \big] \qquad (2\text{-}34)$$

其中,公式(2-33)的值越小,表示 $L_{\text{WGAN}}(G)$ 生成数据 $\tilde{x}$ 的分布与真实数

据 x 的分布之间的推土机距离越小;公式(2-34)的值越小,表示判别网络的判别能力越强。

推土机距离的性质在一定程度上可以克服梯度消失的问题,并使得生成对抗网络的训练过程更加稳定。然而,判别网络的权重是通过权重裁剪(Weight Clipping)的方式被限制在一定范围内,这会间接地引发两个问题:(1)由于判别网络希望尽可能的拉大生成数据和真实样本之间的差距,然而在权重裁剪这种情况下,只会采取极端的方式对真假的情况取值,要么取最大值,要么取最小值;(2)会导致梯度消失问题。为了使生成对抗网络训练的过程更稳定,WGAN-GP 在原始 WGAN 的基础上添加了梯度惩罚(Gradient Penalty)。梯度惩罚是将判别网络的梯度作为一个加权惩罚项添加到判别网络的目标损失函数中,即原来的 $\| f_w \|_L \leqslant K$ 替换成 $\| \nabla f_w \|_L \leqslant K$。

此外,为使 Lipschitz 连续条件得以满足,通过在真实样本分布和生成数据分布随机取值的连线上进行均匀采样,WGAN-GP 对于生成网络架构的选择具有鲁棒性,并且几乎不需要调参。WGAN-GP 和 WGAN 的生成网络损失函数保持一致,而 WGAN-GP 判别网络的损失函数如式(2-35)所示:

$$L_{\text{WGAN-GP}}(D) = E_{\widetilde{x} \sim P_g}[D(\widetilde{x})] - E_{x \sim P_r}[D(x)]$$
$$+ \lambda E_{\hat{x} \sim P_{\hat{x}}}[(\| \nabla_{\hat{x}} D(\hat{x}) \|_2 - 1)^2] \qquad (2\text{-}35)$$

其中,$\lambda E_{\hat{x} \sim P_{\hat{x}}}[(\| \nabla_{\hat{x}} D(\hat{x}) \|_2 - 1)^2]$ 表示梯度惩罚项,λ 为正则系数,$P_{\hat{x}}$ 表示分别在样本数据分布和生成数据分布随机取值的连线上进行均匀采样得到的样本分布。与 WGAN 的权重裁剪相比,WGAN-GP 梯度惩罚项的加入在极大程度上解决了梯度爆炸的问题,在提升生成对抗网络训练稳定性方面具有里程碑意义。

2.4.3　生成对抗网络的应用

生成对抗网络最初被认为是一种无监督学习的生成网络,其在半监督学习、全监督学习中取得作用。目前,生成对抗网络已应用于图像的风格迁移,图像超分辨率等领域。图 2-39 给出一个 DCGAN 利用随机噪声作为输入生成自然图像的例子。

(a) 1 个训练回合得到的结果

(b) 5 个训练回合得到的结果

(c) 10 个训练回合得到的结果

(d) 100 个训练回合得到的结果

图 2-39　DCGAN 利用随机噪声生成的自然图像

如图 2-39 所示,刚开始训练产生的结果几乎不能从图 2-39(a)中获取可理解的语义信息,随着训练迭代次数的增加,DCGAN 逐渐生成具有明确语义信息的图像。但是这种将噪声变量作为输入进行训练的生成对抗网络,生成的结果往往是随机的。

计算机视觉中图像风格转换的问题,本质上是将一类图像 X 转换成另一类图像 Y,CycleGAN 的提出很好地解决了这个问题。给定任意两个无序的图像集合 X 和 Y,CycleGAN 自动地将图像从源域 X（自然图像)转换到目标域 Y（各种风格的图像)。图 2-40 给出不同风格图像之间互相转换的例子。

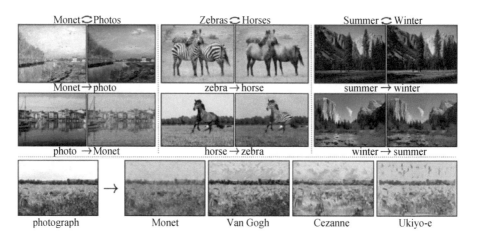

图 2-40　由 CycleGAN 处理得到的不同风格图像之间互相转换的例子

CycleGAN 的网络结构如图 2-41 所示,包括一个前向网络和一个后向网络。假设两个无序的样本空间 X 和 Y,分别通过前向网络和后向网络限制 $x \rightarrow G(x) \rightarrow F(G(x)) \approx x$ 和 $y \rightarrow F(y) \rightarrow G(F(y)) \approx y$ 的循环一致性,其中 cycle-consistency loss 表示循环一致性目标损失函数。

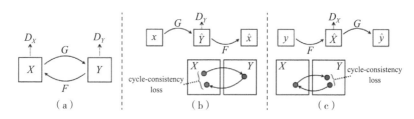

图 2-41　CycleGAN 网络结构图

如图 2-41 所示,前向网络中包括一个生成网络 G_X 用于将来自样本空间 X 的图像转换到样本空间 Y 并得到生成图像 $G_X(x)$,生成网络 F_Y 用于将图像 $G_X(x)$ 转换回原样本空间 X 中,并将生成图像记做 $F_Y(G_X(x))$;判别网络 D_Y 用于区分生成图像 $G_X(x)$ 与样本空间 Y 的图像。

后向网络中包括一个生成网络 F_Y 用于将来自样本空间 Y 的图像转换到样本空间 X 并得到生成图像 $F_Y(y)$,生成网络 G_X 用于将 $F_Y(y)$ 图像转换回原样本空间 X 中,并将生成图像记做 $G_X(F_Y(y))$;判别网络 D_X 用于区分生成图像 $F_Y(y)$ 与样本空间 X 的图像。CycleGAN 设计前向网络和后向网络的目的

是可以实现 X 与 Y 样本空间的图像之间的相互转换,用来约束网络的映射空间,保证转换后的图像和原始输入图像内容的一致性,避免生成图像过程中陷入局部最优解。前向网络 $x \rightarrow G(x) \rightarrow F(G(x)) \approx x$ 的循环一致性损失函数 $LcycX$ 和后向网络 $y \rightarrow F(y) \rightarrow G(F(y)) \approx y$ 的循环一致性损失函数 $LcycY$ 分别如式(2-36)和公式(2-37)所示:

$$L_{cycX} = E_{x \sim P_{data(x)}} \left[\| F_Y(G_X(x) - x) \|_1 \right] \qquad (2\text{-}36)$$

$$L_{cycY} = E_{y \sim P_{data(y)}} \left[\| G_X(F_Y(y) - y) \|_1 \right] \qquad (2\text{-}37)$$

其中,x 为样本空间 X 中的图像,y 为样本空间 Y 的图像。联合前向网络的对抗目标为 $L_{GAN}(G_X, D_Y, X, Y)$,后向网络的对抗目标为 $L_{GAN}(F_Y, D_X, X, Y)$,CycleGAN 的目标损失函数如式(2-38)所示:

$$L = L_{GAN}(G_X, D_Y, X, Y) + L_{GAN}(F_Y, D_X, X, Y) + \lambda(L_{cycX} + L_{cycY})$$
$$(2\text{-}38)$$

其中,λ 为循环一致性损失函数的比例系数。

图 2-40 中,经过 CycleGAN 模型的处理,马和斑马、夏天和冬天、照片和不同流派的油画之间可以相互转换,转换后的图像虽然具有不同的风格,但是图像的语义内容仍保持不变。受 CycleGAN 模型的启发,可以将原始模糊图像和清晰的图像看作是两种不同类型的图像,分别输入前向网络和后向网络中进行训练。其中,前向网络完成的是图像"模糊 → 清晰 → 模糊"的过程,与之相对的后向网络实现的是"清晰 → 模糊 → 清晰"的过程。

然而,直接采用 CycleGAN 模型无法实现图像去模糊任务,原因如下:(1)通过 CycleGAN 实现图像类别之间转换的两类图像均是清晰的、没有受过严重降质损失的图像;(2)在图像去模糊中,图像从模糊域到清晰域的学习过程是一个多对一的映射,根据模糊的严重程度和类别,从清晰到模糊的转换也是一个一对多的映射,生成网络会产生无限多具有不同数据分布的映射,无法根据 CycleGAN 模型的前向网络实现"模糊 → 清晰 → 模糊"的学习过程;(3)图像风格转换方法等网络的基本思想是使用一对生成对抗网络来学习图像域之间的转换,由于生成对抗网络的训练是不稳定的,同时训练两个生成对抗网络会突显网络训练不稳定的问题;(4)图像的高频细节信息需要全监督的方式进行监督学习,而这是 CycleGAN 这类弱监督学习无法达到的;(5)CycleGAN 模型只能处理图像分辨率是 256×256 的图像。

因此,本书在生成对抗网络的基础上做出改进,分别将模糊图像和清晰图像作为网络的输入和目标输出,通过设计网络结构和目标损失函数,并采用强监督的学习方式优化网络的训练,使得网络能够实现图像从模糊图像域向清晰图像域的转化,即实现图像去模糊。

第3章

基于生成对抗网络的图像去模糊

3.1 基于感知特征和多尺度网络的图像去模糊

基于两阶段特征增强网络的图像去模糊方法,采用"两阶段"的图像编解码以及图像增强模块,促进特征的复用,增强特征的关联,使得网络能够构建高阶复杂特征。由于模糊退化的图像已经丢失了许多高频信息,为进一步提升图像恢复的质量,本章引入基于感知特征和多尺度网络的图像去模糊方法。一方面,将感知特征作为全局先验,引入多个目标损失函数正则网络的优化;另一方面,则使用多尺度生成网络能够捕捉不同的尺度特征,分而治之地实现图像去模糊。下面具体介绍网络结构、目标损失函数以及网络的训练和测试效果。

3.1.1 网络结构

考虑到图像的结构性特点以及它自身包含的上下文信息,本章提出了基于感知特征和多尺度网络的图像去模糊方法。首先,将一个多尺度的 CNN 作为生成网络,提取图像的多尺度特征,以渐进的方式实现图像的去模糊,获得具有良好细节的图像。这种解决方法,一方面,可以降低问题解决的难度;另一方面,使得网络的特征表达能力得到提升。所提方法将图像的感知特征作为全局先验,在生成网络中引入图像内容、结构和细节方面的目标损失函数,优化网络训练,提升去模糊图像的质量。所提网络的模型如图 3-1 所示。

模糊图像 b 输入到多尺度生成网络 G 中,得到生成图像 $G(b)$。然后,将生成图像 $G(b)$ 和清晰图像 s 输入到判别网络中,判断生成图像 $G(b)$ 是否真实,并将判断结果以反向传播的形式反馈给生成网络 G,驱使生成网络得到高质量的去模糊图像。

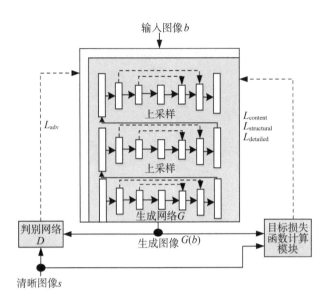

图 3-1　基于感知特征和多尺度网络的图像去模糊方法框架图

注：该图主要包括目标损失函数和网络训练过程。生成器的目的是生成外观清晰、结构清晰的去模糊图像，判别网络的目的是对真实和生成图像的真假进行判别。实线代表前向传播，虚线代表反向传播。

在网络的训练过程中，为引导网络学习模糊图像向清晰图像的映射过程，模型通过以下目标损失函数对生成网络 G 增加约束：(1)图像内容一致性目标损失函数 $L_{content}$，限定清晰图像 s 和生成图像 $G(b)$ 具有相同的图像内容；(2)结构目标损失函数 $L_{structural}$，保持清晰图像 s 和生成图像 $G(b)$ 在图像结构方面的一致性；(3)细节目标损失函数 $L_{detailed}$，保持清晰图像 s 和生成图像 $G(b)$ 在图像细节方面的一致性。下面，具体介绍生成网络和判别网络的结构以及目标损失函数。

3.1.1.1　生成网络结构

分而治之的方法是图像去模糊中经常使用的策略，基于传统图像处理方法的去模糊方法是在最大后验概率框架下分步式地完成图像去模糊。本章利用多尺度分步式的图像去模糊思想，一方面可以降低解决问题的难度，另一方面可以利用图像的多尺度特征，实现由整体的图像内容到精细图像细节的学习。因此，我们设计了一个多尺度的生成网络，如图 3-2 所示。

图 3-2 中，G 由三个尺度构成，G_k 表示第 k 个尺度，$k \in (1,3)$；b_k 表示第 k 个尺度的输入图像；$G(b_k)$ 表示经过第 k 个尺度学习得到的生成图像；Upsample($U(\cdot)$)表示上采样操作；$U(G(b_1))$，$U(G(b_2))$ 分别表示生成图像

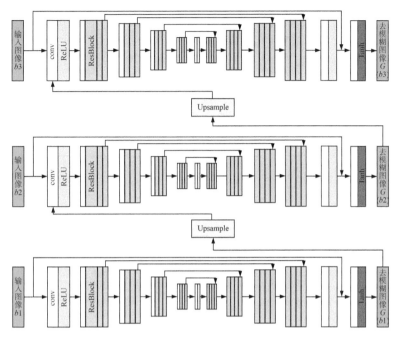

图 3-2　生成网络结构

$G(b_1)$ 和 $G(b_2)$ 经过上采样操作得到的分辨率为 128×128 、256×256 的图像。此外,在不同尺度的网络之间引入跳变连接,促进各尺度图像特征的恢复,减少过深的网络引起的梯度消失的现象,加速网络的收敛。下面,具体介绍多尺度生成网络的学习过程。

首先,将分辨率为 256×256 的模糊图像 b_3 进行双三次插值(Bicubic Interpolation)下采样处理,分别得到分辨率为 64×64 、128×128 的模糊图像 b_1 和 b_2;其次,将图像 b_1 输入到生成网络的第一个尺度 G_1 中,得到生成图像 $G(b_1)$;然后,将图像 $G(b_1)$ 上采样得到的图像 $U(G(b_1))$ 与图像 b_2 进行特征拼接后输入到生成网络的第二个尺度 G_2 中,得到生成图像 $G(b_2)$;再次,将图像 $G(b_2)$ 上采样后的结果 $U(G(b_2))$ 与图像 b_3 进行拼接,输入到生成网络的第三个尺度 G_3 中,并得到分辨率为 256×256 的图像 $G(b_3)$。将图像 $G(b_3)$ 和清晰图像 s 输入到判别网络 D 中,判别图像 $G(b_3)$ 是否真实,并将判断结果以反向传播的形式反馈给生成网络 G 以指导其优化训练。下面,具体介绍主要模块 ResBlocks。

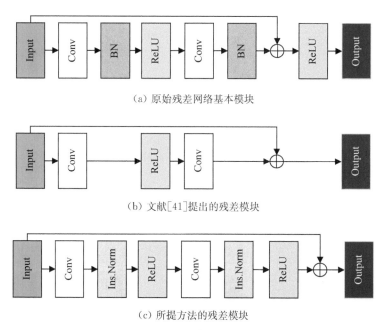

（a）原始残差网络基本模块

（b）文献[41]提出的残差模块

（c）所提方法的残差模块

图 3-3　几种不同的网络残差块结构

图 3-3 中包含三种不同结构的残差模块。与不含残差连接的 CNN 相比，使用残差网络连接可以实现更深层次的架构。Nah 等认为移除了批量归一化（Batch Normalization，BN）后残差块可以加速网络的收敛。所提方法在图 3-3（b）的基础上增加了引入实例归一化，形成残差块，其数学表达式如式（3-1）所示：

$$f_m^{l+1} = \text{ReLU}(\text{Ins. Norm}(\sum_m (f_n^l * w_{n,m}^{l+1}) + B_m^{l+1})) \qquad (3\text{-}1)$$

其中，f_m^{l+1} 表示第 $l+1$ 层的第 m 个特征图，ReLU 表示激活函数，Ins. Norm 表示实例归一化运算，f_n^l 表示当前第 l 层的第 n 个特征图，$*$ 表示卷积运算，w 代表卷积核，B 表示偏置项。实例归一化可以降低由于批量归一化造成的网络灵活性受限的问题，能够起到降低网络复杂度的作用，并利于建立更深的网络。其数学表达式如式（3-2）所示：

$$\text{Ins}(x) = \gamma \frac{x - \mu(x)}{\sigma_\varepsilon(x)} + \beta \qquad (3\text{-}2)$$

其中，γ 和 β 是两个层参数，μ 是均值，σ_ε 是通过计算输入图像的空间维度得到的标准差，但是每个通道之间保持独立。实例归一化的目的是抵消内部协变量移位,减少接近最小值点时产生的振荡。如图 3-4 给出了实例归一化和批量归一化的区别。

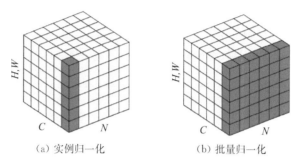

（a）实例归一化　　　　（b）批量归一化

图 3-4　实例归一化和批量归一化的区别

如图 3-4 所示,批量归一化的参数依赖于批量的数据,而实例归一化的参数不依赖于批处理,只依赖于输入样本本身。

通过实验发现,使用实例归一化时,去模糊图像无论是在图像整体还是细节方面都获得了显著的提升。

3.1.1.2　判别网络结构

判别网络的作用是区分输入图像是否真实,所提方法的判别网络结构如图 3-5 所示:

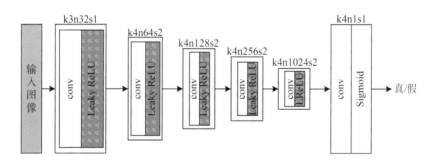

图 3-5　判别网络结构

图 3-5 中,判别网络模型由 6 个卷积层构成,利用泄漏率为 0.2 的 Leaky ReLU 激活函数对前 5 个卷积层激活,输入图像经过 5 个下采样卷积层降低图像分辨率并编码关键的局部特征用于分类。网络最后通过 1 个经 Sigmoid 函数激活的,卷积核为 4×4、步长为 1 的卷积层输出范围 $[0,1]$ 的概率,表征输入的图像是否是真实图像。

3.1.2 目标损失函数

优化网络训练使用的目标损失函数包括:图像内容目标损失函数 $L_{content}$,结构目标损失函数 $L_{structural}$ 和细节目标损失函数 $L_{detailed}$,以对抗目标损失函数 $L_{adv}(G,D)$。网络模型的目标损失函数如式(3-3)所示:

$$L(G,D) = \alpha L_{adv}(G,D) + \lambda_1 L_{Content} + \lambda_2 L_{structural} + \lambda_3 L_{detailed} \quad (3-3)$$

根据实验经验设置网络中的参数,各约束项的权重系数约束如下:$\alpha = 1$,$\lambda_1 = 1$,$\lambda_2 = 1$,$\lambda_3 = 0.7$。所提网络由三个尺度构成,分别对每个尺度的网络添加目标损失函数。下面,详细介绍各目标损失函数。

1. 判别目标损失函数 $L_{adv}(G,D)$

$L_{adv}(G,D)$ 的作用是驱使图像特征由模糊图像域向清晰图像域进行映射,$L_{adv}(G,D)$ 的数学表达式如式(3-4)所示:

$$L_{adv}(G,D) = E_{s_k \sim P_{data}(s)}\left[\log D(s_k)\right] + E_{b_k \sim P_{data}(b)}\left[\log(1 - D(G(b_k)))\right] \quad (3-4)$$

其中,$E_{s_k \sim P_{data}(s)}\left[\log D(s_k)\right]$ 项为判别网络 D 判别清晰图像 s_k 为真,$E_{b_k \sim P_{data}(b)}\left[\log(1 - D(G(b_k)))\right]$ 项为判别网络 D 判别生成图像 $G(b_k)$ 为假。

2. 图像内容目标损失函数 $L_{content}$

$L_{content}$ 的作用是使生成图像与清晰图像在图像内容方面保持一致,是使用 MSE 计算生成图像和清晰图像在图像内容方面的差值。$L_{content}$ 的数学表达式如式(3-5)所示:

$$L_{content} = \frac{1}{WH}\sum_{x=1}^{W}\sum_{y=1}^{H} \| (s_k)_{x,y} - G(b_k)_{x,y} \|_2 \quad (3-5)$$

其中,W 和 H 分别表示图像的宽度和高度,s_k 表示清晰图像,$G(b_k)$ 表示生成图像。

3. 结构目标损失函数 $L_{structural}$

仅对生成网络添加内容目标损失函数是不足以产生高质量的去模糊图像的。图像的结构信息是否显著是判断一幅图像是否清晰的重要因素。为了生成图像能够保存显著的结构信息,需要通过缩短清晰图像和生成图像之间的语义差距,学习清晰域和模糊域的两类图像(而不是两个特定的图像)之间的映射。重新搭建深度神经网络并学习高维度结构特征的可行性较低,引入 $L_{structural}$ 可保证生成图像和清晰图像在高维度结构特征方面保持一致,使得生成图像具有显著的结构信息。$L_{\text{structural}}$ 的数学表达式如式(3-6)所示：

$$L_{\text{structural}} = \frac{1}{CWH} \sum_{x=1}^{W} \sum_{y=1}^{H} \parallel \varphi_{i,j}\,(s_k)_{x,y} - \varphi_{i,j}\,(G(b_k))_{x,y} \parallel_2 \qquad (3\text{-}6)$$

其中，C 表示特征的通道数，$\varphi_{i,j}$ 表示经过激活函数之后第 i 个池化层之前的第 j 个卷积层的特征。随着 VGG19 网络层数的增加，从已经训练收敛的 VGG19 模型中提取的特征是从细节的具象特征逐渐过渡到结构性的抽象特征的。根据实验，选择"ReLU5-3"层提取图像的高维度结构特征。

4. 细节目标损失函数 L_{detailed}

除显著的结构信息外，良好的细节信息也是构成一幅清晰图像的关键。除了对生成网络添加结构目标损失函数，对图像的浅层细节信息的学习也是至关重要的，故引入 L_{detailed} 使得生成图像具有清晰的细节信息。L_{detailed} 的数学表达式如式(3-7)所示：

$$L_{\text{detailed}} = \frac{1}{CWH} \sum_{x=1}^{W} \sum_{y=1}^{H} \parallel \varphi_{i,j}\,(s_k)_{x,y} - \varphi_{i,j}\,(G(b_k))_{x,y} \parallel_2 \qquad (3\text{-}7)$$

与图像的高维度特征相对，根据实验经验选择"ReLU2-2"层提取图像的低维度细节信息。生成网络在 L_{content}、$L_{\text{structural}}$、L_{detailed} 的多重目标损失函数的约束下，生成图像具有和清晰图像一致的结构和细节。

3.1.3 实验过程及结果分析

实验采用文本图像数据为例。下面首先介绍实验所用的文本图像数据集的制作方法(详见 1.2.5.1 节)，然后在不同的合成图像数据集和真实图像上对所提方法进行主观对比实验和客观对比实验。与一些典型的图像去模糊方法进行对比分析，对比算法包括 Pan 等、Krishnan 等、Xu 等、Cho 等、Nah 等和 Zhong 等。这些方法的源代码由作者提供，实验中根据原始的配置参数在测试数据集上重现这些方法。此外，还进一步对生成网络的模型和目标损失函数进行了消融实验。

实验软硬件配置是：操作系统为 Windows，硬件配置为 NVIDIA 1080Ti GPU、Intel(R) Core(TM) i7 CPU (16GB RAM)。采用 Adam 作为网络的优化器并设置 $\beta_1 = 0.5$，$\beta_2 = 0.999$。生成网络和判别网络的学习率均设置为 0.000 1，batch size 为 16。消融实验的参数设置同上。

3.1.3.1 合成模糊图像的比较实验

1. 主观对比实验

这一部分选择在合成的模糊文本图像的测试集 Hradiš 以及 Pan 上,对上述对比算法以及所提方法进行测试。图 3-6 和图 3-7 给出了不同算法和所提方法在合成模糊文本图像上处理结果的两组示例。

图 3-6　在合成数据集上的去模糊效果示例 1

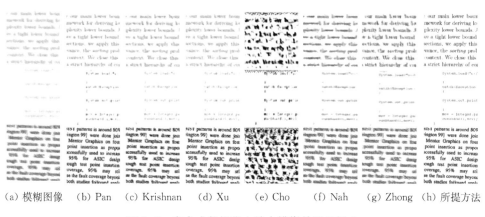

(a) 模糊图像　(b) Pan　(c) Krishnan　(d) Xu　(e) Cho　(f) Nah　(g) Zhong　(h) 所提方法

图 3-7　在合成数据集上的去模糊效果示例 2

如图 3-6 所示,其中(b)是方法 Pan 等得到的实验结果,对于运动模糊该方法具有良好的去模糊效果;图 3-6(c)(d)(e)(f)(g)是对比方法 Krishnan 等、Xu 等、Cho 等、Nah 等和 Zhong 等测试得到的结果,可以看出这些方法不能很好地实现文本图像去模糊。所提网络模型得到的结果与 Pan 等的结果接近。

图 3-7 中图像包含的文字不仅稠密而且还很微小,即使人眼也无法推断出图像中的文本信息。如图 3-7(b)所示,虽然方法 Pan 等在图 3-7 表现出良好的去模糊性能,但是对于散焦模糊,算法鲁棒性较弱,图 3-7(c)(d)(e)(f)(g)是对比方法 Krishnan 等、Xu 等、Cho 等、Nah 等和 Zhong 等得到的结果,恢复的图像中存在不同程度的模糊,其原因在于这些方法大多直接地或者间接地通过图像的显著边缘估计模糊核,实现图像去模糊。然而,稠密的文字或字符难以看做是显著边缘,在去模糊的过程中会被当做异常值抛出,而仅根据非显著边缘信息估计模糊核,无法实现图像去模糊。如图 3-7(h)所示,所提方法不仅可以从包含微小而稠密的文本图像中恢复清晰可辨的文字,而且得到的去模糊图像还具有良好的视觉效果。

2. 客观对比实验

除主观视觉效果的比较外,还采用 PSNR 和 SSIM 作为评价指标,对所提方法和对比算法进行客观评价。表 3-1 给出了上述算法在合成文本图像 Pan 和 Hradiš 上的平均量化结果。

表 3-1　不同方法在 Pan 和 Hradiš 数据集上的客观评价

图像去模糊方法	Pan		Hradiš	
	SSIM	PSNR	SSIM	PSNR
Pan	19.284 3	0.694 4	15.321 6	0.702 8
Krishnan	15.657 2	0.695 2	16.473 1	0.724 6
Xu	18.054 9	0.712 6	14.182 9	0.574 4
Cho	15.104 3	0.618 7	9.712 7	0.323 4
Nah	16.727 3	0.774 8	17.414 2	0.743 7
Zhong	15.485 8	0.625 3	13.100 4	0.421 5
所提方法	18.943 9	0.744 8	27.843 9	0.872 2

通过观察实验数据发现,所提方法在 Hradiš 数据集上获得了最高的 PSNR 和 SSIM 指标,在数据集 Pan 上,网络模型的 PSNR 值略低于方法 Nah。实验量化结果与视觉效果基本保持一致,这些结果都证明了基于感知特征和多尺度网络的图像去模糊方法的良好性能。

3.1.3.2　真实模糊图像的比较实验

为了验证所提方法的性能,进一步在真实模糊文本图像数据集上进行了实验,所提方法和典型的图像去模糊方法处理结果如图 3-8、3-9、3-10、3-11 和 3-12所示。

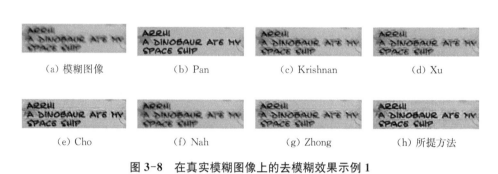

<table>
<tr><td>(a) 模糊图像</td><td>(b) Pan</td><td>(c) Krishnan</td><td>(d) Xu</td></tr>
<tr><td>(e) Cho</td><td>(f) Nah</td><td>(g) Zhong</td><td>(h) 所提方法</td></tr>
</table>

图 3-8　在真实模糊图像上的去模糊效果示例 1

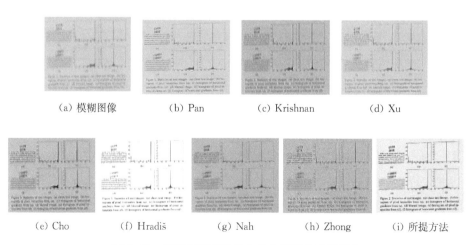

（这里包含图3-9内容）

图 3-9　在真实模糊图像上的去模糊效果示例 2

图 3-10　在真实模糊图像上的去模糊效果示例 3

（a）模糊图像　　　（b）Pan　　　　（c）Krishnan　　　（d）Xu

（e）Cho　　　（f）Hradiš　　　（g）Nah　　　（h）Zhong　　　（i）所提方法

图 3-11　在真实模糊图像上的去模糊效果示例 4

（a）模糊图像　　　（b）Pan　　　　（c）Krishnan　　　（d）Xu

（e）Cho　　　（f）Hradiš　　　（g）Nah　　　（h）Zhong　　　（i）所提方法

图 3-12　在真实模糊图像上的去模糊效果示例 5

如图 3-8 和 3-9 所示,其中(c)(d)(e)(f)(g)是图像去模糊方法 Krishnan 等、Xu 等、Cho 等、Nah 等和 Zhong 等得到的结果,这些方法不是专门为文本图像去模糊设计的,因而这些方法得到的结果往往会与清晰图像存在偏差;方法 Nah 等是基于深度学习的去模糊方法,虽然该方法性能不受图像类型的局限,但是得到的结果无法恢复出清晰的文字。如图 3-8 (h)和图 3-9(h)所示,在输入图像非常模糊的情况下,所提方法得到的结果与 Pan 等得到的结果近似,能够根据图中的字母大体推断图像中文字的含义。

如图 3-10、3-11 和 3-12 所示,其中(b)(c)(d)(e)(g)和(f)分别是基于最大后验概率模型框架的去模糊方法 Pan 等、Krishnan 等、Xu 等、Cho 等、Zhong 等和基于深度学习的方法 Nah 等得到的测试结果,在包含公式、字母、符号和图标的模糊文本图像上鲁棒性较弱。这是因为,这些方法鲜少关注文本图像的整体结构特征,恢复的图像中存在明显的振铃伪影,无法从恢复的文字中获取有用的信息,特别是在包含符号的图像区域。如图 3-10、3-11 与 3-12 中的子图(f)为 Hradiš,文本图像去模糊方法 Hradiš 得到的结果与所提网络模型最为接近。如图 3-10 (i)、3-11(i)与 3-12(i)所示,所提方法可以实现包含复杂符号的文本图像去模糊,能够从恢复的图像中获取明确的语义信息。

3.1.4 单尺度生成网络和多尺度生成网络消融对比实验

为证明生成网络的有效性,我们进行了消融实验,具体包括:(1)单尺度生成网络 Net single,Net single 是指移除多尺度的结构,其通过端对端的方式直接从分辨率为 256×256 的模糊图像中恢复出清晰图像;(2)多尺度生成网络 Net multi。

上述消融实验采用与所提方法一致的参数设置和训练方法,并在 Hradiš 数据集上对这些网络进行客观评价。图 3-13 是网络各模块进行消融实验得到的结果。

如图 3-13(b)所示,Net single 具有一定的去模糊作用,但对于恢复高质量的文本图像而言还存在不足。如图 3-13 (c)所示,Net multi 可以提取图像多个尺度的特征,使得处理后的文本在结构、清晰度方面优于 Net single。

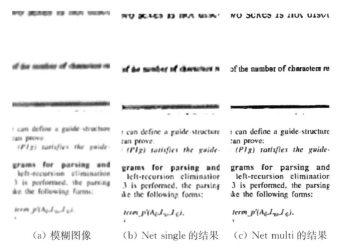

(a) 模糊图像　　(b) Net single 的结果　　(c) Net multi 的结果

图 3-13　单尺度网络和多尺度网络的对比实验结果示例

表 3-2 给出网络 Net single 和 Net multi 在 Hradiš 数据集上测试的客观

评价结果。

表 3-2　不同网络的客观评价结果

网络结构	Hradiš	
	PSNR	SSIM
Net single	26.465 7	0.853 6
Net multi	27.843 9	0.872 2

由表 3-2 可以看出,与网络 Net single 相比,网络 Net multi 的 PSNR 和 SSIM 指标显著提升,说明了多尺度的结构能够促进网络产生性能增益,表明 Net multi 有助于网络提取多尺度的特征信息,从而更好地移除模糊、恢复图像的细节,提升图像的清晰度,产生具有良好视觉效果的去模糊图像。

3.1.5　生成网络目标损失函数消融对比实验

除了确立最终的网络模型,为证明生成网络的目标损失函数的有效性,本书设计了一系列的消融实验。具体包括:(1)仅包含内容目标损失函数的网络 Net w_conl;(2)包含内容目标损失函数和结构目标损失函数的网络 Net w_conl+structural;(3)所提网络。

上述消融实验采用与所提方法一致的参数设置和训练方法,并在 Hradiš 数据集上对这些网络进行定量客观评价。图 3-14 是网络目标损失函数进行消融实验得到的视觉结果示例。

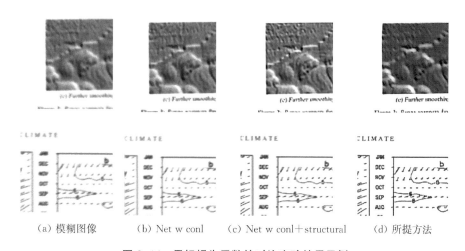

(a) 模糊图像　　(b) Net w conl　　(c) Net w conl+structural　　(d) 所提方法

图 3-14　目标损失函数的对比实验结果示例

如图 3-14(b)所示，Net w_conl 得到的结果与模糊图像几乎一致。如图 3-14(c)所示，Net w_conl＋structural 得到的结果能够移除模糊痕迹，但是图中的字母无法辨别。图 3-14（d）是在 Net w_conl＋structural 网络的基础上引入 L_{detailed} 得到的结果。在 L_{detailed} 的约束下，模糊图像中的文本信息得到了恢复，并具有更自然的视觉效果。这说明采用多个目标损失函数约束生成网络有助于产生高质量的去模糊图像。

表 3-3 给出了网络 Net w_conl、Net w_conl＋structural 以及所提方法在 Hradiš 数据集上的客观评价结果。

表 3-3　目标损失函数的消融实验在 Hradiš 数据集上的客观评价结果

目标损失函数	Hradiš	
	PSNR	SSIM
Net w_conl	26. 358 9	0. 647 0
Net w_conl＋structural	27. 425 1	0. 836 3
所提方法	27. 843 9	0. 872 2

如表 3-3 所示，所提方法的 PSNR 和 SSIM 指标最高。证明了所提方法在 L_{content}、$L_{\text{structural}}$、L_{detailed} 的多重目标损失函数的约束下，产生的去模糊图像具有和清晰图像一致的结构和细节。

3.1.6　小结

基于多尺度的生成网络，可以捕捉图像不同尺度的特征，降低网络训练难度，提高去模糊图像的质量。此外，在网络的训练过程中引入多目标损失函数，从图像内容、结构以及细节等方面优化网络。通过与文本图像去模糊方法进行主观对比实验和客观对比实验，实验结果表明所提方法可以有效地恢复文本图像，并通过恢复的文本图像使人了解图像所要传达的信息。

3.2　基于注意力机制的图像去模糊

通过使用多个卷积层扩大感受野的方式可以实现图像去模糊。这类模型借助卷积层提取的局部特征，有效地提升了去模糊图像的质量。近年来非局部特征为基于深度学习的去模糊方法提供了新的思路，针对模糊图像质量退化问题，本章结合局部特征和非局部特征，通过通道注意力模块、像素注意力模块以及多尺度注意力模块构建模糊图像与清晰图像的内在关联。下面具体介绍所提网络模型的结构、优化网络训练使用的目标损失函数、模型的训练方法与具体参数设置,并验证所提网络模型的有效性和泛化性,分析讨论实验结果。

3.2.1　网络模型

不同于只依赖感受野的图像去模糊方法,受到非局部特征学习的启发,引入一种基于注意力机制的图像去模糊网络模型,从新的角度探索模糊图像质量退化的问题。基于注意力机制的学习模式,除依赖感受野捕捉的局部特征外,还可直接建模特征通道以及网络中多个尺度之间的相互依赖关系,以实现丰富的非局部特征的提取。这些非局部特征能够捕捉图像的上下文信息,显著地提升图像去模糊方法的性能。网络模型的整体结构如图 3-15 所示。

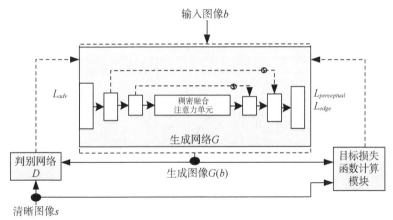

图 3-15　基于注意力机制的图像去模糊方法框架图

注:该图主要包括目标损失函数和网络训练过程。生成器的目的是生成外观清晰、结构清晰的去模糊图像,而判别网络的目的是对真实和生成图像的真假进行判别。实线代表前向传播,而虚线代表反向传播。

网络的训练过程包含生成网络和判别网络的训练。生成网络训练的过程如下:模糊图像 b 输入到 G 中,生成网络通过目标损失函数不断优化,最终收敛得到生成图像 $G(b)$。判别网络训练的过程如下:将生成图像 $G(b)$、清晰图像 s 输入到判别网络中,判断生成图像 $G(b)$ 是否真实,并将此判断结果以反向传播的形式反馈给生成网络 G,更新网络参数、促进网络训练,进一步驱使生成网络正确地将图像从模糊域转换到清晰域。生成网络和判别网络之间竞争学习直到整个网络收敛。判别网络为假图像和真图像分配正确的标签。

模型通过以下目标损失函数对生成网络 G 增加约束：(1)感知损失函数 $L_{\text{perceptual}}$，其通过限定清晰图像 s 和生成图像 $G(b)$ 在高维特征空间的一致性，使得去模糊图像获得更自然的视觉效果；(2)结构损失函数 L_{edge}，其通过限定清晰图像 s 与生成图像 $G(b)$ 在结构方面的一致性，提高网络对图像结构信息的学习能力，使去模糊图像具有显著的结构特征。

3.2.1.1 生成网络结构

生成网络用于在目标损失函数的约束下得到生成图像。图像的特征通常是由局部感受野捕捉获得的，这些特征反映的是图像领域内的空间关系。对于图像去模糊任务，捕捉代表图像整体数据分布的特征是十分必要的。因此，本章通过直接地构建通道、像素、尺度间的相互依赖关系，结合图像的局部和非局部特征，设计一个包含稠密融合注意力单元与尺度注意力模块的生成网络，如图 3-16 所示。

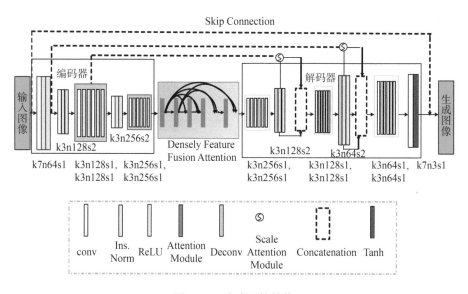

图 3-16　生成网络结构

图 3-16 中，conv 表示卷积操作，用于提取图像特征。Ins. Norm 表示实例归一化，可以降低网络灵活性受限的情况，降低网络的复杂度，更利于建立更深的网络。ReLU 激活函数用于提升网络的非线性程度。下采样卷积层和上采样卷积层均由卷积层、Ins. Norm 运算以及 ReLU 激活函数组成。Densely Feature Fusion Attention 表示稠密融合注意力单元，Attention Module 表示注意力模

块,Deconv 表示反卷积层,Scale attention module 表示多尺度注意力模块,Concatenation 表示特征通道的叠加操作,Tanh 表示激活函数,k 表示卷积核,n 表示特征映射数,s 表示步长,Skip Connection 表示跳变连接。

图 3-16 中,生成网络编码器将 3 通道的输入图像映射到高维空间。之后经过下采样卷积层(每个下采样层后面添加 2 个残差模块),对图像进行空间压缩和编码,此阶段提取有用的局部信号进行特征转换。考虑到需要捕获长时依赖的非局部特征和依赖感受野的局部特征,故而引入一种新的稠密融合注意力单元。稠密融合注意力单元可以拟合高阶残差函数,这些残差函数不仅能够对复杂的特征表示进行建模,而且能够减少过深的网络引起的梯度消失的现象。将稠密融合注意力单元嵌入到生成网络中能够构建图像的内容和域的特征。对应地,解码器经过上采样层,每个上采样层的前面添加 2 个残差模块,该部分的作用是解码和恢复特征。然后,进一步引入多尺度注意力模块,去除不利于图像恢复的特征,保留有利于图像恢复的特征。与以往的跳变连接不同,尺度的编码特征和解码特征经过尺度门限,保留重要的特征,促进同尺度图像特征的恢复。最后,去模糊图像由一个被 Tanh 激活函数输出的卷积层得到。在输出图像和输入图像之间引入一个跳变连接,一方面有助于图像颜色信息的恢复,另一方面能够加速网络的收敛。

下面具体介绍稠密融合注意力单元以及多尺度注意力模块。

1. 稠密融合注意力单元

稠密融合注意力单元由 11 个具有相同结构的注意力模块构成,这些级联的模块之间以稠密连接的方式进行深度融合。注意力模块如图 3-17 所示。

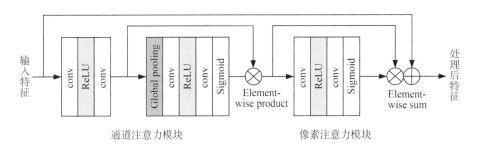

图 3-17　注意力模块

图 3-17 中,图像特征经过通道注意力模块的学习,各通道的相对重要性得到了凸显。将重新加权校正后得到的通道特征作为输入传送到像素注意力模

块,这使得相对重要通道的特征得到了进一步的增强。通道注意力模块和像素注意力模块以级联的形式组合,能够同时兼顾非局部特征和局部特征。另外,在级联模块的输入和输出之间引入残差映射,这有助于模块的优化训练。其中,Global pooling 表示全局池化层,Sigmoid 表示 Sigmoid 激活函数,Elements-wise sum 表示点加运算,Elements-wise product 表示点乘运算。下面具体介绍通道注意力模块、像素注意力模块、稠密特征融合。

(1) 通道注意力模块

在模糊图像中,将模糊区域进行精确区分的方法大多需要图像清晰区域的上下文信息。模型通过直接建模通道之间的依赖关系,跨通道地引入非局部上下文信息。SENet 是近年来发展起来的一种用于解决图像识别任务的基于非局部特征的通道注意力模块的 CNN,它通过直接建模图像特征通道之间的相关性,根据特征本身的权值对特征通道重新加权排序。通道注意力模块的结构如图 3-18 所示。

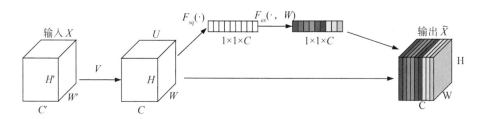

图 3-18　通道注意力模块结构图

图 3-18 中,输入图像 $X = [x_1, x_2, \cdots, x_C]$ 与一组卷积核 $V = [v_1, v_2, \cdots, v_C]$ 进行卷积,得到激活特征 $U = [u_1, u_2, \cdots, u_C]$,其中 C 代表总的特征映射个数。每一个通道隐式地与卷积核存在依赖关系,这些激活特征通常只反映对应卷积核的局部信息。为了获取非局部的全局特征,可以直接构建通道之间的依赖性来实现。首先,利用全局平均池运算 F_{sq} 对每一个特征映射 $u_C \in \mathbf{R}^{H \times W}$ 的维度进行压缩,得到一个描述通道全局分布的标量 $z_C = F_{sq}(u_C)$,其中 $H \times W$ 代表特征映射的大小。向量 $z = [z_1, z_2, \cdots, z_C] \in \mathbf{R}^C$ 表示每个通道全局的分布情况,它可以自适应地预测每个通道的重要性。

具体来说,通道注意力模块首先计算各通道的权值 $F_{ex} = \sigma(W_{f2}\delta(W_{f1}z))$,其中,$W_{f1}$ 代表可训练的权重矩阵,δ 表示 ReLU 非线性激活函数,W_{f2} 代表一个可训练的上采样权重矩阵,σ 表示 sigmoid 激活函数。输出矢量 F_{ex} 的每一个元素作为通道门限用于重新标定各通道的重要性。然后,将学习到的权值参数与对应通道的特征点乘 $\hat{u}_C = F_{ex} \cdot u_C$,即可得到重新加权校正后的通道特征。在预测图像清晰特征和抑制模糊特征时,需要依靠对全局统计信息的理解选取更为重要的通道。此外,通道特征重新校正的过程引入的参数负荷较小。

(2) 像素注意力模块

考虑到非均匀的模糊图像在每个像素点上的分布是不同的,且像素注意力模块能够自适应地学习模糊图像的空间时变特性,引入像素注意力模块,如图 3-19 所示。

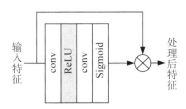

图 3-19　像素注意力模块

图 3-19 中像素注意力模块由两个卷积层组成,它们分别被 ReLU 函数和 Sigmoid 函数激活,并在像素注意力模块的输入和输出之间引入点乘操作。将加权校正的通道特征权值与经过像素注意力模块学习的特征进行点乘,即可得到增强的特征。

(3) 稠密特征融合

通过实验发现,仅在去模糊图像过程中加入由像素注意力模块和通道注意力模块级联组成的注意力模块不足以获取高质量的去模糊图像。造成这种结果的原因是多个级联的注意力模块学习到的特征并没有得到复用和增强,这种单向的网络结构还会引发梯度消失的现象。需要指出的是,这两个问题和图像去模糊问题之间存在着紧密的联系。为了减少梯度消失现象以及增强特征传递、特征复用,我们将多个注意力模块以稠密连接的方式融合。

He 等验证了与期望映射相比,残差映射更容易优化。具体来说,一个 ResBlock 的数学表达式如式(3-8)所示:

$$u_n = u_{n-1} + F_n(u_{n-1}) \tag{3-8}$$

其中 u_{n-1}、u_n、F_n 分别表示输入、输出和 n 阶残差函数,式(3-8)可以表示为图 3-20(a)所示的一阶残差映射。

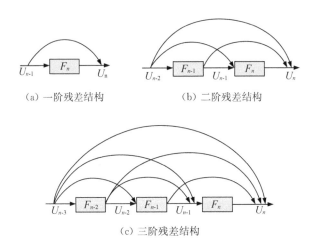

（a）一阶残差结构　　　　　　（b）二阶残差结构

（c）三阶残差结构

图 3-20　高阶函数结构图

假设输入 u_{n-1} 也可以由另外一个一阶残差函数构成，并将其代入式（3-8）中。拟合基于残差的残差映射会比原始残差映射更容易优化。二阶函数的数学表达式如式（3-9）所示：

$$u_n = u_{n-2} + F_{n-1}(u_{n-2}) + F_n(u_{n-2} + F_{n-1}(u_{n-2})) \tag{3-9}$$

需要说明的是，二阶函数和两个级联的 ResBlocks 两者之间是不完全一致的。二阶函数仅在一个交点处就有三个连接，而两个级联的 ResBlocks 只有两个短连接。三阶函数的数学表达式如式（3-10）所示：

$$u_n = u_{n-3} + F_{n-2}(u_{n-3}) + F_{n-1}(u_{n-1} + F_{n-2}(u_{n-3})) \tag{3-10}$$

图 3-20（c）是三阶函数的结构，在视觉上与 DenseNet 结构类似。稠密融合注意力单元与 DenseNet 网络的不同之处在于，图 3-20 中的跳变连接是特征融合操作，而不是特征通道叠加操作。

按照递归嵌套的方式，可以将式（3-10）进一步扩展成十一阶高级函数，其不仅可以一定程度上克服网络梯度消失问题，而且能增强特征传递、特征复用，融合特征信息。稠密融合注意力单元能够拟合高阶函数，而这些函数具有更复杂的特征表示能力，并且更容易优化。

2. 多尺度注意力模块

U-Net 中网络的浅层通常捕捉到的是纹理等低维度特征，其随着网络深度的增加能够学习到表示特征结构的高维度特征，采用跳变连接将编码特征和解码特征连接起来,可以关联低维度具象特征和高维度抽象特征。为了解决编解码特征之间存在的语义鸿沟的问题,并进一步保留显著的特征响应,抑制无关的特征响应,引入如图 3-21 所示的多尺度注意力模块。

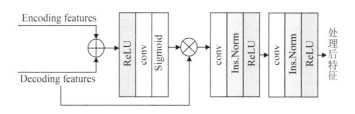

图 3-21　多尺度注意力模块

图 3-21 中,Encoding features 表示编码特征,Decoding features 表示解码特征。首先,将编码特征和解码特征融合;将融合后的特征用 ReLU 函数激活,激活的特征经过一个卷积层后被 Sigmoid 函数激活,得到取值范围为[0,1]的注意系数,这些注意系数包含尺度特征的上下文信息;最后,解码特征和注意系数完成点乘操作,即可得到显著的特征响应,并采用两个"conv-Ins. Norm-ReLU"卷积层进一步增强多尺度注意力模块筛选后的特征。

3.2.1.2　判别网络结构

对于高级别的计算机视觉任务而言,图像类别的区分主要依赖图像的整体结构,需要从图像的整体出发设计判别网络。但是与图像分类任务不同,图像去模糊问题属于低级别计算机视觉任务。判断一个图像是否是清晰图像需要从图像的局部特征以及图像低维度特征出发,因此采用 PatchGAN 作为判别网络模型。

3.2.2　目标损失函数

网络训练过程中使用的目标损失函数包括:对抗目标损失函数 $L_{adv}(G, D)$、感知目标损失函数 $L_{perceptual}$、结构目标损失函数 L_{edge}。网络整体目标损失函数如式(3-11)所示:

$$L(G,D) = \alpha L_{adv}(G,D) + \beta L_{perceptual} + \lambda L_{edge} \qquad (3-11)$$

根据 Kupyn 等的研究,本章将各约束项的权重系数约束如下:$\alpha = 1$,$\beta = 10$,$\lambda = 12$。下面具体介绍各目标损失函数。

1. 对抗目标损失函数 $L_{\text{adv}}(G,D)$

引入对抗目标损失函数 $L_{\text{adv}}(G,D)$ 的目的是最大化对生成图像 $G(b_k)$ 和清晰图像 s_k 分配正确标签的概率，使得生成网络能正确地将模糊图像转换为清晰图像。为了解决 WGAN 在实验中存在的梯度爆炸的问题以及提高网络训练的稳定性，所提方法引入 WGAN-GP 模型作为判别目标损失函数，其数学表达式如式(3-12)所示：

$$L_{\text{adv}}(G,D) = E_{b_k \sim P_{\text{data}}(b)}\left[D(G(b_k))\right] - E_{s_k \sim P_{\text{data}}(s)}\left[D(s_k)\right] + \lambda \mathop{E}_{\hat{x} \sim P_{\hat{x}}}\left[(\parallel \nabla\hat{x}D(\hat{x}) \parallel_2 - 1)^2\right] \quad (3\text{-}12)$$

其中，$G(b_k)$ 表示生成图像，s_k 表示清晰图像。$E_{s_k \sim P_{\text{data}}(s)}\left[D(s_k)\right]$ 表示判别网络 D 判别清晰图像 s_k 为真的期望，$E_{b_k \sim P_{\text{data}}(b)}\left[D(G(b_k))\right]$ 表示判别网络 D 判别生成图像 $G(b_k)$ 为假的期望。$\lambda \mathop{E}_{\hat{x} \sim P_{\hat{x}}}\left[(\parallel \nabla\hat{x}D(\hat{x}) \parallel_2 - 1)^2\right]$ 表示梯度惩罚项，λ 表示权重系数；$\hat{x} = \varepsilon s_k + (1-\varepsilon)G(b_k)$ 表示在清晰图像 s_k 和生成图像 $G(b_k)$ 的连线上均匀采样得到的样本，ε 服从$[0,1]$的均匀分布；$P_{\hat{x}}$ 表示 $\hat{x}$ 的数据分布。

2. 感知目标损失函数 $L_{\text{perceptual}}$

引入 $L_{\text{perceptual}}$ 的目的是使生成图像和清晰图像在高级语义和感知差异方面保持一致，能够促进网络优化并提升生成图像的视觉效果。预训练好的 VGG19 模型被证明具有良好的结构保存能力。利用预训练好的 VGG19 模型分别提取生成图像 $G(b_k)$ 和清晰图像 s_k 的感知特征，并通过求解 L_2 范数计算两者之间的差异，其数学表达式如式(3-13)所示：

$$L_{\text{perceptual}} = \frac{1}{CWH}\sum_{x=1}^{W}\sum_{y=1}^{H} \parallel \varphi_{i,j}(s_k)_{x,y} - \varphi_{i,j}(G(b_k))_{x,y} \parallel_2 \quad (3\text{-}13)$$

其中，C 表示特征的通道数，W 和 H 分别表示图像的宽度和高度，$\varphi_{i,j}$ 表示经过激活函数之后第 i 个池化层之前的第 j 个卷积层的特征，$\varphi_{i,j}(s_k)$ 表示清晰图像的感知特征，$\varphi_{i,j}(G(b_k))$ 表示生成图像的感知特征。本章选择预训练 VGG19 模型中的第"conv 4-3"层分别提取生成图像和清晰图像的语义特征。

3. 结构目标损失函数 L_{edge}

引入 L_{edge} 的目的是使生成的图像具有显著的结构特征,通过 L_1 范数约束生成图像 $G(b_k)$ 和清晰图像 s_k 在水平和垂直方向上梯度的一致性,使得生成图像 $G(b_k)$ 和清晰图像 s_k 的结构无限接近,具体计算方法如式(3-14)所示:

$$L_{edge} = \frac{1}{WH}\sum_{x=1}^{W}\sum_{y=1}^{H}\left[\parallel \nabla_h(s_k)_{x,y} - \nabla_h(G(b_k))_{x,y}\parallel_1 + \right.$$
$$\left. \parallel \nabla_v(s_k)_{x,y} - \nabla_v(G(b_k))_{x,y}\parallel_1\right] \tag{3-14}$$

其中,∇_h 和 ∇_v 分别表示水平和垂直方向的梯度运算,$\parallel \nabla_h s_k - \nabla_h G(b_k)\parallel_1$ 表示清晰图像 s_k 和生成图像 $G(b_k)$ 在水平方向上的梯度差,$\parallel \nabla_v s_k - \nabla_v G(b_k)\parallel_1$ 表示清晰图像 s_k 和生成图像 $G(b_k)$ 在垂直方向上的梯度差。

3.2.3 实验过程及结果分析

实验软硬件配置是:操作系统为 Unbuntu14.04,深度学习框架为 Pytorch,硬件配置为 NVIDIA 1080Ti、Intel(R) Core(TM) i7 CPU(16GBRAM)。采用 Adam 优化器对网络进行优化训练,具体参数设置为 β_1 为 0.5,β_2 为 0.999,生成网络和判别网络的学习率均为 0.0001,batch size 为 4。训练过程中生成网络每更新 1 次,判别网络更新 5 次。

为验证所提方法的有效性,在不同的真实模糊图像与合成模糊图像上进行主观对比实验和客观对比实验。与一些典型的图像去模糊方法进行对比分析,对比算法包括 Sun 等、Gong 等、Nah 等、Kupyn 等和 Mustaniemi 等。根据上述方法的作者提供的代码(保持原始设置及参数不变)完成图像去模糊的测试。此外,还进一步对生成网络的模块进行了消融实验。

3.2.3.1 合成模糊图像的比较实验

本部分利用 GOPRO 测试集和 Köhler 数据集进行测试,分别进行了主观对比实验、客观对比实验。

1. 主观对比实验

图 3-22、3-23、3-24 和 3-25 分别给出所提方法和对比算法在合成模糊图像上处理结果的四组示例。

(a) 模糊图像　　　　(b) Sun　　　　(c) Mustaniemi　　　　(d) Gong

(e) Kupyn　　　　(f) Kupyn　　　　(g) Nah　　　　(h) 所提方法

图 3-22　合成模糊图像去模糊效果示例 1

(a) 模糊图像　　　　(b) Sun　　　　(c) Mustaniemi　　　　(d) Gong

(e) Kupyn　　　　(f) Kupyn　　　　(g) Nah　　　　(h) 所提方法

图 3-23　合成模糊图像去模糊效果示例 2

(a) 模糊图像　　　　(b) Sun　　　　(c) Mustaniemi　　　　(d) Gong

(e) Kupyn　　　　(f) Kupyn　　　　(g) Nah　　　　(h) 所提方法

图 3-24　合成模糊图像去模糊效果示例 3

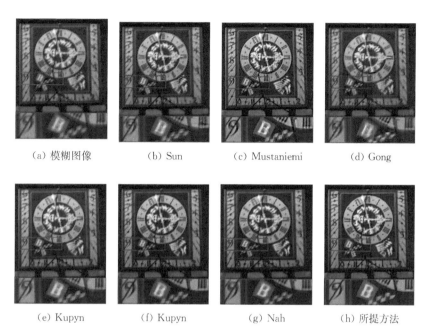

(a) 模糊图像　　　(b) Sun　　　(c) Mustaniemi　　　(d) Gong

(e) Kupyn　　　(f) Kupyn　　　(g) Nah　　　(h) 所提方法

图 3-25　合成模糊图像去模糊效果示例 4

四组示例图中的(b)(c)(d)(e)(f)(g)分别是对比方法 Sun 等、Mustanie-mi 等、Gong 等、Kupyn 等和 Nah 等的实验结果,可以看出图像中显著的结构和良好的细节并没有得到很好的恢复。如图 3-22(g)、3-23(g)、3-24(g)和 3-25(g)所示,方法 Nah 等得到的去模糊图像与所提方法得到的结果最为接近。然而,在图像边缘和细节等方面的恢复并不令人满意,例如图 3-22(g)和 3-24(g)中的窗口、图 3-23(g)中行人的侧面轮廓、图 3-25(g)钟表盘上的指针和数字等显著的结构信息并没有得到很好的恢复。与这些算法相比,所提网络模型不仅可以很好地恢复退化图像的质量,而且还具有良好的视觉效果。

2. 客观对比实验

为了客观地评价所提方法图像去模糊的有效性,采用图像质量评价指标 PSNR 和 SSIM,对所提方法与比较方法 Sun 等、Mustaniemi 等、Gong 等、Kupyn 等和 Nah 等在合成数据集上进行量化评价。表 3-4 给出了上述算法在合成模数据集 GOPRO 和 Köhler 上的平均量化结果。

表 3-4　不同方法在 GOPRO 数据集和 Köhler 数据集上的客观评价

图像去模糊方法	GOPRO PSNR	GOPRO SSIM	Köhler PSNR	Köhler SSIM
Nah	28. 322 5	0. 858 8	20. 850 7	0. 634 0
Kupyn	25. 236 3	0. 777 3	19. 084 3	0. 583 8
Kupyn	27. 808 6	0. 866 4	21. 298 7	0. 654 4
Mustaniemi	25. 956 3	0. 828 5	20. 483 3	0. 644 2
Gong	27. 277 8	0. 818 7	21. 337 1	0. 659 0
Sun	26. 626 0	0. 801 8	21. 233 5	0. 652 5
所提方法	29. 581 9	0. 882 3	21. 524 3	0. 674 3

观察表 3-4 中的实验数据可知,与所有对比方法相比,所提方法在两个不同的标准图像数据集上都取得最好的表现。实验量化结果与主观视觉效果保持一致,这些结果证明了所提方法在合成数据集上具有较好的去模糊性能。

3.2.3.2　真实模糊图像的比较实验

尽管所提方法已经在合成模糊数据集上进行了评价并取得了较好的结果,但是真实的模糊图像通常是由更复杂的原因导致的。为进一步验证网络模型的有效性和泛化性,这一部分采用 Lai 标准数据集和 Su 标准视频帧作为测试集进行测试。图 3-26、图 3-27 和图 3-28 分别给出了对比算法和所提方法在真实模糊图像上处理结果的三组示例。

(a) 模糊图像　　　　(b) Sun　　　　(c) Mustaniemi　　　　(d) Gong

(e) Kupyn　　　　(f) Kupyn　　　　(g) Nah　　　　(h) 所提方法

图 3-26　真实场景图像去模糊效果示例 1

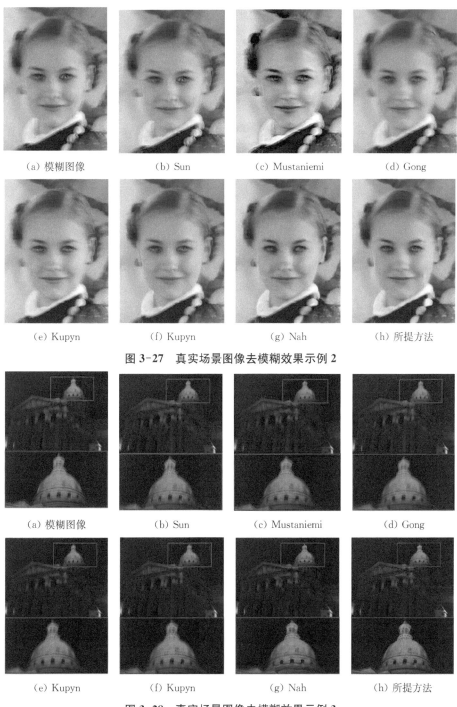

（a）模糊图像　　　　　（b）Sun　　　　　（c）Mustaniemi　　　　　（d）Gong

（e）Kupyn　　　　　（f）Kupyn　　　　　（g）Nah　　　　　（h）所提方法

图 3-27　真实场景图像去模糊效果示例 2

（a）模糊图像　　　　　（b）Sun　　　　　（c）Mustaniemi　　　　　（d）Gong

（e）Kupyn　　　　　（f）Kupyn　　　　　（g）Nah　　　　　（h）所提方法

图 3-28　真实场景图像去模糊效果示例 3

如图 3-27(a)所示的模糊退化图像整体基本在同一个深度表面,图 3-26(a)和图 3-28(a)所示的模糊图像看似模糊的程度并不严重,但是实际上低光照的拍摄条件使得真实的退化图像不仅包括模糊退化,还引入一定的噪声。如图 3-26、3-27 以及 3-28 所示,其中(b)(d)是方法 Sun 等和 Gong 等的实验结果,无论是针对特定类型的模糊图像还是针对低光照模糊图像都不能获得令人满意的结果,这是由于方法 Sun 等和 Gong 等涉及模糊核的估计,一旦估计的模糊核不准确,其自身存在的估计偏差就会进一步导致非盲解卷积操作的累计误差。如图 3-26 (c)和图 3-27(c)所示,方法 Mustaniemi 等看似能恢复出明显的图像边缘,但是仔细观察就会发现方法 Mustaniemi 等引入明显的伪影,这种结果不利于图像的二次处理和应用。图 3-26、3-27 以及 3-28 中的(e)(f)是基于 GAN 的图像去模糊方法 Kupyn 等得到的实验结果,其利用了感知损失对生成图像和清晰图像之间的高维特征和结构信息加以约束,但是仅有感知目标损失函数的约束不能很好地处理低光照条件下拍摄的模糊图像。方法 Nah 等得到的去模糊图像与所提方法得到的结果最为接近,但在图 3-27 (g)、3-28(g)中可以看到,恢复后的图像存在变形以及细节无法恢复的情况。综上分析,基于注意力机制的图像去模糊方法,结合局部特征和非局部特征,能够有效地恢复图像,并使恢复的图像具有良好的视觉效果。

3.2.4 生成网络消融对比实验

为证明生成网络内各模块的功能及有效性,我们进行了消融实验,具体包括:(1)不包含任何核心模块的网络 BaseNet;(2)包含通道注意力模块的网络 BaseNet+CA;(3)包含稠密连接的通道注意力模块的网络 BaseNet+FCA;(4)包含稠密连接的注意力模块的网络 BaseNet+FAB;(5)所提方法(BaseNet+FAB+SA)。

上述消融实验采用与所提方法一致的参数设置和训练方法,并在 GOPRO 数据集上对这些网络进行客观评价。图 3-29 是网络核心各模块进行消融实验得到的视觉结果。

图 3-29(b)中,BaseNet 对输入图像几乎不产生去模糊的作用,因而引入包含通道注意力模块的网络 BaseNet+CA。如图 3-29 (c)所示,BaseNet+CA 并不能产生清晰的结果,这是因为多个级联的通道注意力模块使得网络过深,引发的梯度消失现象使得网络无法收敛。因此,将级联的多个通道注意力模块

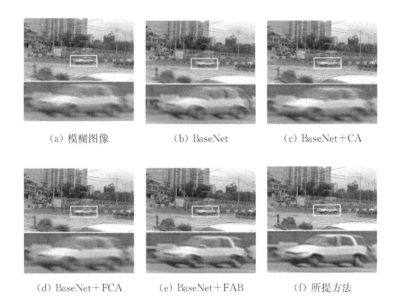

（a）模糊图像　　　　　（b）BaseNet　　　　　（c）BaseNet＋CA

（d）BaseNet＋FCA　　（e）BaseNet＋FAB　　　（f）所提方法

图 3-29　网络模型中各部分消融实验结果

以稠密融合的方式连接起来，构成了网络 BaseNet＋FCA。BaseNet＋FCA 网络能够复用和增强中间特征，而且这些高阶映射具有复杂的特征表示能力，并且更容易优化。在此基础上，进一步引入像素注意力模块，将其嵌入到 BaseNet＋FCA 网络中，并形成一个新的网络 BaseNet＋FAB。如图 3-29（b）和图 3-29（e）所示，BaseNet 难以处理输入图像中模糊程度严重的区域，并且去模糊后的图像仍旧保留着明显的模糊运动轨迹，而 BaseNet＋FAB 能够移除模糊，显著提升网络的去模糊性能。此外，在网络 BaseNet＋FAB 的基础上引入尺度注意力模块，构成了网络 BaseNet＋FAB＋SA，这有助于区分模糊特征并保留有利于图像恢复的特征。总的来说，基于注意力机制的网络，能够恢复得到具有高质量的清晰图像。表 3-5 给出了各网络核心模块在 GOPRO 数据集上进行消融实验得到的客观对比结果。

表 3-5　网络模型的模块消融实验在 GOPRO 数据集上的客观评价结果

网络模块	GOPRO	
	PSNR	SSIM
BaseNet	27. 549 5	0. 829 3
BaseNet＋CA	27. 727 6	0. 831 2

网络模块	GOPRO	
	PSNR	SSIM
BaseNet＋FCA	28.130 2	0.840 4
BaseNet＋FAB	28.487 3	0.857 6
所提方法	28.814 8	0.866 4

观察表 3-5 能够看出,与各网络核心模块得到的结果相比,所提方法在所使用的两种量化指标下都取得了最高的指标。加入稠密融合注意力单元、尺度注意力模块可以恢复图像的结构信息,表明在网络中兼顾局部特征和非局部特征,可以从多个角度探索图像模糊的本质,从而更好地移除模糊,提升去模糊图像的质量,得到更符合人眼视觉特性的去模糊图像。

3.2.5　小结

本章提出一个基于注意力机制的图像去模糊方法,具体介绍了注意力机制网络模型的核心模块、优化训练网络的目标损失函数、训练和测试网络模型使用的数据集以及网络训练的具体参数设置。结合局部特征和非局部特征的优势,捕捉感受野内的邻域空间关系以及基于非局部特征的远距离依赖关系,这有助于网络理解模糊的本质。此外,算法强调网络中间特征的复用和增强,可学习复杂的特征表示。在合成的模糊图像数据集、真实模糊图像以及视频帧上进行比较实验并对其进行主观评价和客观评价,实验结果证明了网络模型的有效性。

3.3　基于局部特征和非局部特征的图像去模糊

捕捉长距离的非局部特征在深度神经网络中具有重要意义。一般卷积神经网络的每个通道的滤波器都是用局部感受野捕捉获得的,这些特征反映的是图像邻域内的局部空间关系,只有局部特征被不断反复,才能捕捉到长距离的非局部依赖关系。对于图像去模糊任务,将模糊区域进行准确区分的方法大多需要图像清晰区域的上下文信息,因此捕捉代表图像整体数据分布的非局部特征十分必要。本书通过直接建模通道之间的依赖关系,跨特征通道地引入非局部上下文信息。具体来说,门限机制汇聚了所有特征通道的空间信息,通过基于通道依赖性的门限机制为每个通道学习特定的权值,根据特征本身的权值对特征通道重新加权排序,再将门限机制之前不断增强的局部特征与门限机制之后重新加权的非局部特征进行点乘运算,网络依靠局部特征和非局部特征,预测图像清晰特征并抑制模糊特征,使得恢复的图像具有良好的视觉效果。

3.3.1　网络结构

网络模型的整体结构如图 3-30 所示。下面分别介绍本章网络的训练过程以及目标损失函数。

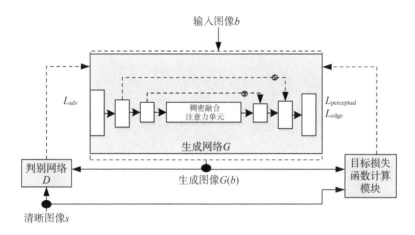

图 3-30　本章网络的整体框架

注:该图主要包括目标损失函数和网络训练过程。实线代表前向传播,而虚线代表反向传播。

网络的训练过程包含生成网络和判别网络的训练。生成网络训练的过程如下:模糊图像 b 输入到 G 中,生成网络通过目标损失函数不断优化,最终收敛得到生成图像 $G(b)$。判别网络训练的过程如下:将生成图像 $G(b)$、清晰图像 s 输入到判别网络中,判别网络为生成图像和清晰图像分配正确的标签,并将此判断结果以反向传播的形式反馈给生成网络 G,更新网络参数、促进网络训练,进一步驱使生成网络将图像从模糊域正确地转换到清晰域。生成网络和判别网络之间竞争学习直到整个网络收敛。

模型通过以下目标损失函数对生成网络 G 增加约束:(1)感知损失函数 $L_{perceptual}$ 通过限定清晰图像 s 和生成图像 $G(b)$ 在高维特征空间的一致性,使得去模糊图像获得更自然的视觉效果;(2)结构损失函数 $L_{gradient}$ 通过限定清晰图

像 s 与生成图像 $G(b)$ 在结构方面的一致性,提高网络对图像结构信息的学习能力,使去模糊图像具有显著的结构特征。目标损失函数 L_{adv} 将判别的结果反馈给生成网络,驱使生成网络生成边缘显著、内容清晰的去模糊图像。

3.3.1.1 生成网络结构

本章采用前述章节中的 U-Net 网络架构,以端对端的方式直接学习模糊图像和去模糊图像之间的非线性映射,如图 3-31 所示。这种基本的网络结构能够获得用于图像去模糊的特征。然而,该网络结构没有得到进一步地开发,其图像去模糊网络的性能也受到了限制。本章充分利用图像结构先验信息和深度学习海量数据特征学习的优势,在生成网络中建立一个 DDBNet 子网,自适应地学习图像的显著结构,提升网络的去模糊性能。

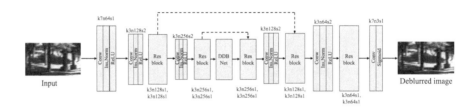

图 3-31　生成网络结构

其中,conv 表示卷积操作,Ins. Norm 表示实例归一化,ReLU 表示整流线性单元激活函数,DDBNet 表示 DDB 子网,Deconv 表示反卷积层,Tanh 表示激活函数,Skip Connection 表示跳变连接,k 表示卷积核,n 表示特征映射数,s 表示步长。下面具体介绍下 GradientNet 子网的网络结构。

图 3-31 中,在编码器阶段,对模糊退化图像进行空间压缩和编码。相应地,在解码器阶段,对编码的特征进行解码。模糊图像输入到生成网络后,经过特征提取和网络优化训练,最终得到去模糊图像。生成网络主要由 5 个模块组成。第 1 个模块是平卷积层,由"conv-Ins. Norm-ReLU"表示,图 3-31 中卷积层的参数标识为"模糊核的尺寸×输出特征的通道数×步长",其作用是将 3 通道的模糊退化图像映射到 64×64 的特征空间。第 2 个模块是下采样卷积模块,包括 1 个下采样卷积层和 3 个以级联方式连接的残差模块,其作用是提取图像局部特征并用于特征编码。第 3 个模块是本章的核心 DDB 子网,以多分支复用的方式自适应地学习图像的结构信息,促进去模糊图像包含清晰、显著的结构特征。第 4 个模块是上采样卷积模块,包括 1 个上采样卷积层和 3 个以

级联方式连接的残差模块,其目的是解码之前的编码特征。第 5 个模块由 1 个平卷积层和 1 个 Tanh 激活函数构成,用于输出 3 通道的去模糊图像。生成网络中不同尺度之间的跳变连接能促进同尺度图像特征的恢复、特征的反向传播,从而减轻梯度消失的影响。

1. DDBNet 子网

本章引入了一个名为 DDBNet 子网,分别采用 DDB 和 IAM 捕捉网络的局部和非局部的网络特征。DDBNet 的结构如图 3-32 所示,DDBNet 分为三个部分,一个前置特征转换模块,一个深层特征提取模块,以及一个后置特征转换模块;其中深层特征提取模块由 5 个 DDB 模块、1 个 IAM 模块以及 1 个卷积核尺寸为 1×1 的卷积组成,5 个 DDB 模块和 1 个 IAM 模块的输出按元素求和,对求和得到的输出特征进行 1×1 的卷积运算,得到深层特征提取模块的输出特征,此特征再与深层特征提取模块的输入特征之间建立残差连接;DDB 模块用于增强特征的相关性和构建高维度的复杂特征,注意力模块用于实现全局特征融合和残差学习。下面,分别对前置特征转换模块、深层特征提取模块,以及后置特征转换模块进行详细介绍。

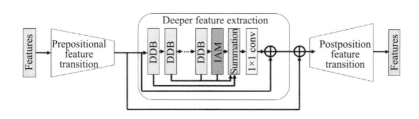

图 3-32　DDBNet 子网网络结构

2. 前置特征转换模块

前置特征转换模块作为缓冲器将特征映射到高维特征,前置特征转换模块由两个级联的卷积层组成,卷积核的大小为 3×3。

$$U_{-1} = FT_1(U_{n-1}) \tag{3-15}$$

$$U_0 = FT_2(U_{-1}) \tag{3-16}$$

其中,FT_1 和 FT_2 分别为前置特征转换模块中的第一个和第二个卷积层,特征 U_{-1} 是卷积层 FT_1 的输出特征。一方面,特征 U_0 作为输入传递给深层特征提取模块;另一方面,特征 U_0 与深层特征提取模块的输出建立全局残差连接。深层特征提取模块包含 5 个 DDB 模块和 1 个 IAM 模块。DDB 模块的结构如图 3-33 所示。

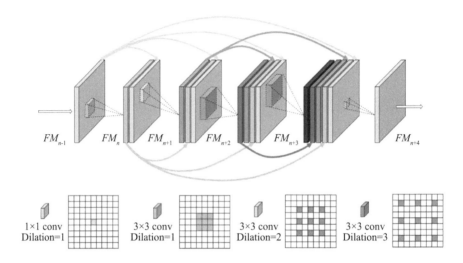

1×1 conv
Dilation=1

3×3 conv
Dilation=1

3×3 conv
Dilation=2

3×3 conv
Dilation=3

图 3-33　DDB 模块的结构

3. DDB 模块

DDB 模块和 DenseNet 之间有三个区别：（1）卷积层的每一部分都逐层增加；（2）在 5 个卷积层之后，还附加了 1 个改进的注意力模块；（3）前 4 个平卷积层被膨胀卷积层代替，其膨胀率分别为 1、2、3 和 3。对于当前的膨胀卷积层，其之前所有卷积层的感受野为 RF_{n-1}，当前卷积层的卷积核大小为 f_k，膨胀率为 D，当前卷积层的感受野可以表示为 $RF_n = RF_{n-1} + (((f_k - 1) \times D + 1) - 1)$；DDB 模块中，密集的连接使不同的特征与不同的感受野相互作用，与原始卷积层相比，其可以从多个尺度上挖掘局部特征；此外，稠密膨胀模块还可以促进局部特征融合和残差学习；DDB 模块的数学表达式为：

$$U_n = DDB_n(U_0) \tag{3-17}$$

其中，U_0 表示稠密膨胀模块的输入特征，DDB_n 表示第 n 个稠密膨胀模块，对于每一个稠密膨胀模块，其第 m 个卷积层的输出 U_n^m 表示为：

$$U_n^m = L_n^m(U_n^1, U_n^2, \cdots, U_n^{m-1}) \tag{3-18}$$

其中，L_n^m 表示第 n 个稠密膨胀模块的第 m 个卷积层，卷积层的数目 m 设置为 4，$(\cdot)$ 表示按元素的求和运算。

4. IAM 模块

对于模糊的图像,大多数图像去模糊的方法是利用图像的上下文信息将模糊的区域与干净的图像区域分开。由通道注意模块构建的上下文信息已经在图像识别任务上有了突出的表现。考虑到基于 CNN 的图像去模糊方法在很大程度上依赖于感受野,它以同样的权重处理图像的特征信息;本章将注意力集中在通道特征之间的上下文信息上,首先引入门限机制,进一步引入 IAM 模块,以促进图像去粗取精的性能。图 3-34 给出了 IAM 模块的结构,IAM 模块内引入有门限机制。

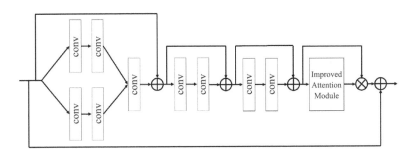

图 3-34　IAM 模块的结构

IAM 模块的前端分为两路卷积模块,每路卷积模块均由两个卷积层组成。由 DDB 模块处理得到的特征首先输入到注意力模块内的两路卷积模块中,输入特征分别经过两路卷积模块之后,通过求和运算进行特征融合;融合得到的特征与 IAM 模块的输入特征之间建立残差连接,以促进梯度的传播和网络优化训练。经过残差连接的特征,再经过两组级联的卷积层,每一组级联的卷积层与该组级联卷积层的输入之间分别建立残差连接,得到不断增强的局部特征,并用于网络的优化和加速训练。不断增强的局部特征经过门限控制输出为重新加权的非局部特征,不断增强的局部特征与重新加权的非局部特征进行点乘运算得到非局部特征;在 IAM 模块的输入特征和非局部特征之间构建一个全局残差连接。经过全局残差连接的特征表示为输入传递给后续的后置特征转换模块。

具体的门限机制工作流程如下:

(1) 利用全局平均池化运算 GP 对进入门限控制的每一个特征映射 $u_c \in \mathbf{R}^{H \times W}$ 的维度进行压缩,得到一个描述局部特征通道的全局分布标量 $z_c =$

$GP(u_C)$，其中，$H\times W$ 代表特征映射的大小，向量 $z=[z_1,z_2,\ldots,z_C]\in\mathbf{R}^C$ 表示每个通道全局的分布情况，能够自适应地预测每个特征通道的重要性。为了利用 $z_C=GP(u_C)$，下面进行的第二个操作用于充分捕捉特征通道方面的依赖性，学习特征通道之间的非线性交互，并且能够学习一种非相斥的关系，确保强调多个特征通道的重要性。

（2）为了限制模型的复杂性和促进模型的泛化性，将门控机制参数化，具体操作如下：将步骤（1）处理得到的描述局部特征通道的全局分布标量 z_C 与 $\mathrm{conv}R\in R^{\frac{C}{r}\times C}$ 进行卷积运算，用于将 z_C 进行压缩，并由软阈值函数 φ 激活，得到压缩后的特征 F_U；压缩后的特征 F_U 与 $\mathrm{conv}U\in\mathbf{R}^{C\times\frac{C}{r}}$ 进行卷积运算，还原特征 F_U 到原有的尺寸，并由 Sigmoid 函数激活，输出矢量 F_{IAM} 的每一个元素作为通道门限用于重新标定各通道的重要性。

$$F_{\mathrm{IAM}} = \alpha(\mathrm{conv}U(\varphi(\mathrm{conv}R(GP)))) \tag{3-19}$$

其中，α 表示 Sigmoid 激活函数，$\mathrm{conv}U$ 表示一个可训练的上采样权重矩阵，φ 表示软阈值，$\mathbf{R}$ 表示实数域，C 表示特征通道，r 表示缩放比例，$C\times\frac{C}{r}$ 表示特征维度，$\mathrm{conv}R$ 表示可训练的下采样权重矩阵，GP 表示全局池化操作。

（3）进入门限控制的特征映射 u_C 的局部特征与非局部特征 F_{IAM} 对应特征通道的特征进行点乘运算 $\hat{u}_C=F_{ex}\cdot u_C$，$\hat{u}_C$ 为重新加权的非局部特征。

5. 后置特征转换模块

后置特征转换模块作为缓冲器将特征映射到高维特征，其由两个级联的卷积层组成（卷积核的大小分别为 1×1 和 3×3），采用全局特征融合运算，通过以下操作融合来自深层特征提取模块的局部特征。

$$U_{GF} = GE(U_1,U_2,\cdots,U_n)+U_{-1} \tag{3-20}$$

其中，（·）表示按元素的求和运算，GE 表示全局特征融合运算；最后，在 GE 和 U_{-1} 之间建立全局残差连接，用于增强网络优化和梯度传播。

3.3.1.2 判别网络结构

对于低水平的计算机视觉任务而言，图像特征清晰与否的区分主要依赖于图像的局部结构。因此采用 PatchGAN 作为判别网络模型。

3.3.2　目标损失函数

本章使用的对抗目标损失函数同 3.2.2 节。

2. 感知目标损失函数 $L_{perceptual}$

引入 $L_{perceptual}$ 的目的是使去模糊图像和标签图像保持在图像高级语义和感知差异方面的一致,这能够保证去模糊图像生成正确的语义内容并提升视觉效果。Johnson 等提出了一个基于 VGG19 的感知目标损失函数,它在 ImageNet 数据集上进行了预训练,被证明具有良好的结构保存能力。本章采用预训练好的 VGG19 模型分别提取去模糊图像 $G(b_k)$ 和标签图像 s_k 的感知特征,并通过求解 L_2 范数计算两者之间的差异,其数学表达式如式(3-23)所示:

$$L_{perceptual} = \frac{1}{CWH} \sum_{x=1}^{W} \sum_{y=1}^{H} \| \varphi_{i,j}(s_k)_{x,y} - \varphi_{i,j}(G(b_k))_{x,y} \|_2 \quad (3\text{-}23)$$

其中,C 表示特征的通道数,W 和 H 分别表示图像的宽度和高度,$\varphi_{i,j}$ 表示经过激活函数之后第 i 个池化层之前的第 j 个卷积层的特征,$\varphi_{i,j}(s_k)$ 表示标签图像的感知特征,$\varphi_{i,j}(G(b_k))$ 表示去模糊图像的感知特征。本章选择预训练 VGG19 模型中的第"conv 4 - 3"层分别提取去模糊图像和标签图像的语义特征。

3. 结构目标损失函数 $L_{structure}$

引入 $L_{structure}$ 的目的是使去模糊图像具有清晰、显著的结构特征。通过 L_1 范数约束去模糊图像 $G(b_k)$ 和标签图像 s_k,使之保持在水平和垂直方向上梯度的一致性,缩小去模糊图像 $G(b_k)$ 和标签图像 s_k 在图像结构方面的差异,具体计算方法如式(3-24)所示:

$$L_{structure} = \frac{1}{WH} \sum_{x=1}^{W} \sum_{y=1}^{H} \big[\| \nabla_h(s_k)_{x,y} - \nabla_h(G(b_k))_{x,y} \|_1 +$$
$$\| \nabla_v(s_k)_{x,y} - \nabla_v(G(b_k))_{x,y} \|_1 \big] \quad (3\text{-}24)$$

其中,∇_h 和 ∇_v 分别表示图像水平和垂直方向的梯度,$\| \nabla_h s_k - \nabla_h G(b_k) \|_1$ 表示标签图像 s_k 和去模糊图像 $G(b_k)$ 在水平方向上的梯度差,$\| \nabla_v s_k - \nabla_v G(b_k) \|_1$ 表示标签图像 s_k 和去模糊图像 $G(b_k)$ 在垂直方向上的梯度差。

3.3.3　实验过程及结果分析

实验采用 GOPRO 数据集为例进行。下面,首先介绍网络优化训练使用的图像数据集的处理方法和参数设置。然后,在合成图像数据集和真实图像上对本章方法与一些典型的图像去模糊方法进行对比,这些典型图像去模糊方法包括 Nah 等、Qi 等、Kupyn 等、Mustaniemi 等和 Qi 等。根据上述方法的作者提供的代码,在测试数据集上重现这些方法。此外,还进一步对生成网络的模型和目标损失函数开展了消融实验。

3.3.3.1 数据准备及参数设置

数据集的处理:本章采用 GOPRO 数据集的训练集优化训练提出的网络模型,采用 Köhler 数据集和 Lai 数据集测试本章网络模型的图像去模糊性能。关于数据集 GOPRO、Köhler 和 Lai 的具体内容,详见1.2.4.1节、1.2.4.2 节和 1.2.4.3 节。网络训练过程中,将 GOPRO 训练集中分辨率是 1280×720 的模糊图像和标签图像随机裁剪为分辨率为 256×256 的图像块,这种方式可以起到数据增强、防止网络过拟合的作用。

实验软硬件配置是:操作系统为 Unbuntu14.04,深度学习框架为 Pytorch,硬件配置为 NVIDIA 1080Ti GPU、Intel(R) Core(TM) i7 CPU (16GBRAM)。采用 Adam 作为网络的优化器并设置 $\beta_1 = 0.5$, $\beta_2 = 0.999$。生成网络和判别网络的学习率均设置为 0.0001,batch size 为 4,Leaky ReLU 激活函数的斜率是 0.2。训练过程中每更新 1 次生成网络,判别网络更新 5 次。整个网络训练 150 回收敛。当网络训练收敛时,模糊图像输入到生成网络后,即可得到去模糊图像。此外,消融实验的参数设置同上。

为验证本章方法的有效性,在不同的真实模糊图像与合成模糊图像上进行主观对比实验和客观对比实验。与一些典型的图像去模糊方法进行对比分析,对比算法包括 Nah 等、Qi 等、Kupyn 等、Mustaniemi 等和 Qi 等。此外,还进一步对生成网络的模块开展了消融实验。

3.3.3.2 合成模糊图像的比较实验

本部分利用合成模糊图像 GOPRO 测试集和 Köhler 数据集进行测试,分别进行了主观对比实验、客观对比实验。

1. 主观对比实验

图 3-35、3-36、3-37 和 3-38 分别给出所提方法和对比方法在合成模糊图像上处理结果的四组示例。

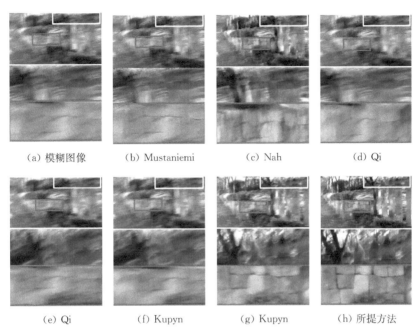

（a）模糊图像　　　　（b）Mustaniemi　　　　（c）Nah　　　　（d）Qi

（e）Qi　　　　（f）Kupyn　　　　（g）Kupyn　　　　（h）所提方法

图 3-35　合成模糊图像去模糊效果示例 1

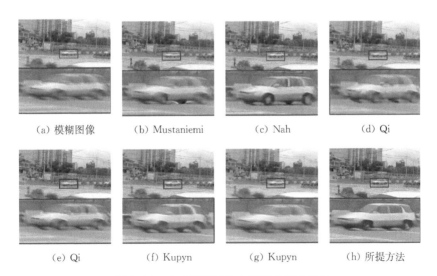

（a）模糊图像　　　　（b）Mustaniemi　　　　（c）Nah　　　　（d）Qi

（e）Qi　　　　（f）Kupyn　　　　（g）Kupyn　　　　（h）所提方法

图 3-36　合成模糊图像去模糊效果示例 2

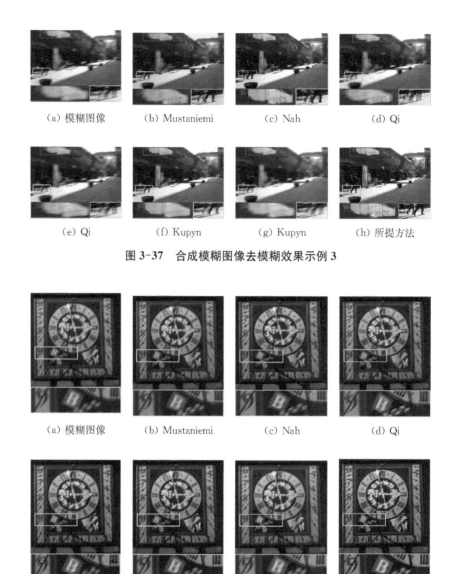

（a）模糊图像　　（b）Mustaniemi　　（c）Nah　　　　（d）Qi

（e）Qi　　　　　（f）Kupyn　　　（g）Kupyn　　　（h）所提方法

图 3-37　合成模糊图像去模糊效果示例 3

（a）模糊图像　　（b）Mustaniemi　　（c）Nah　　　　（d）Qi

（e）Qi　　　　　（f）Kupyn　　　（g）Kupyn　　　（h）所提方法

图 3-38　合成模糊图像去模糊效果示例 4

如图 3-35、3-36、3-37 和 3-38 所示,其中(b)(c)(d)(e)(f)(g)是方法 Mustaniemi 等、Nah 等、Qi 等和 Kupyn 等的实验结果,从中能够看出通过这些方法处理得到的去模糊图像中的语义内容并不清晰可辨,模糊的痕迹依然存在。方法 Qi 等的结果与所提方法得到的结果最为接近,但是方法 Qi 等得到的结果在图像的结构和细节等方面仍然存在着一定的差距。如图 3-35（h）、3-36(h)、3-37(h)和 3-38(h)所示,所提方法处理得到的图像具有清晰的边缘和良好的细节。

2. 客观对比实验

本章实验采用客观图像质量评价指标 PSNR 和 SSIM,对所提方法与典型的图像去模糊方法 Mustaniemi 等、Nah 等、Qi 等、Qi 等和 Kupyn 等,在 GO-PRO 测试集和 Köhler 数据集上进行客观评价。表 3-6 给出了上述算法在合成模糊图像测试集上的平均量化结果。

表 3-6　典型的图像去模糊方法与所提方法在 GOPRO 和 Köhler 数据集上的平均量化结果

图像模糊方法	GOPRO	GOPRO	Köhler	Köhler
	$PSNR$(dB)	SSIM	$PSNR$(dB)	SSIM
Nah	28.322 5	0.858 8	20.850 7	0.634 0
Kupyn	25.236 3	0.777 3	19.084 3	0.583 8
Kupyn	27.808 6	0.866 4	21.298 7	0.654 4
Mustaniemi	25.956 3	0.828 5	20.483 3	0.644 2
Qi	28.901 9	0.869 4	21.352 1	0.652 1
Qi	28.737 3	0.871 4	21.363 2	0.607 5
所提方法	29.581 9	0.882 3	21.524 3	0.674 3

表 3-6 中,与典型对比方法相比,所提网络模型在两种量化指标和两个数据集上都取得了最好的结果。就 PSNR 指标而言,所提方法比图像去模糊性能排序第二的方法 Qi 高出 0.6 db;就 SSIM 指标而言,所提方法也达到了最高的定量结果。此外,定量评价结果与主观对比实验的视觉效果一致。主观实验与客观实验都证明了基于图像结构先验图像去模糊方法的有效性,以及在图像数据集上的良好表现。

3.3.3.3　真实模糊图像的比较实验

虽然所提方法已经在合成模糊数据集上验证了有效性,但真实的模糊图像通常包含相机移动、物体运动、景深变化等多种复杂成因,因此所提方法将进一步在真实模糊图像上验证其有效性和泛化性。本节在真实模糊图像上对所提方法和经典去模糊方法进行了测试。图 3-39 和 3-40 给出所提方法和典型的图像去模糊方法在真实模糊图像上处理结果的两组示例。

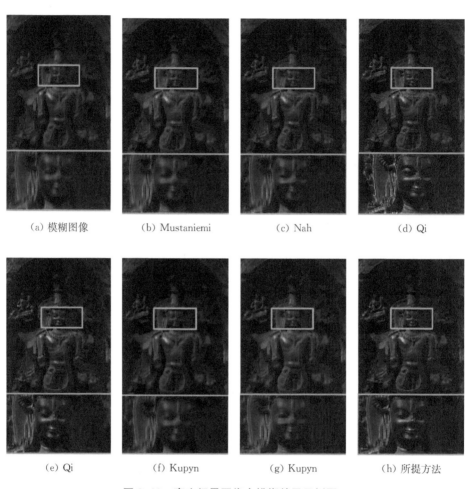

| (a) 模糊图像 | (b) Mustaniemi | (c) Nah | (d) Qi |

| (e) Qi | (f) Kupyn | (g) Kupyn | (h) 所提方法 |

图 3-39　真实场景图像去模糊效果示例图 1

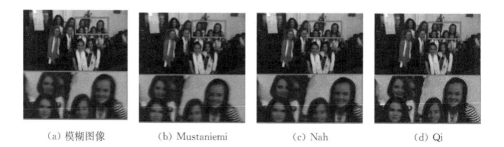

| (a) 模糊图像 | (b) Mustaniemi | (c) Nah | (d) Qi |

(e) Qi	(f) Kupyn	(g) Kupyn	(h) 所提方法

图 3-40　真实场景图像去模糊效果示例图 2

图 3-39 和图 3-40 中的降质图像不仅包括模糊的图像区域,而且低光照成像条件使得真实的模糊图像包括一定的噪声。与对比方法相比,所提基于局部特征和非局部特征的图像去模糊方法能够生成内容清晰和边缘显著的去模糊图像。所提方法在合成数据集上进行了训练,并在真实模糊的图像上进行了测试,这证明了所提方法的有效性和泛化性。

3.3.4　生成网络模块消融对比实验

为证明所提方法生成网络中的各模块与图像去模糊性能的正相关关系,开展了消融实验,具体包括:(1)包含 DDB 模块的网络 w DDB;(2)包含 IAM 模块的网络 w IAM;(3)所提方法。

上述消融实验采用与所提方法一致的参数设置和训练方法,并在 GOPRO 数据集上对这些网络进行客观评价。图 3-41 是网络各模块进行消融实验得到的视觉效果的示例图。表 3-7 还给出了所提模型的核心模块在 GOPRO 数据集上进行消融实验的平均量化结果。

(a) 模糊图像	(b) w/o perceptual	(c) w/o structure

(d) w DDB　　　　　　(e) w IAM　　　　　　(f) 所提方法

图 3-41　所提方法生成网络各模块的消融实验结果示例

表 3-7　所提方法生成网络模块的消融实验在 **GOPRO** 数据集上的客观评价结果

网络模块	GOPRO	
	$PSNR$(dB)	$SSIM$
W DDB	29.242 2	0.854 9
W IAM	29.193 5	0.847 1
所提方法	29.581 9	0.882 3

表 3-7 中,所提方法在 GOPRO 的数据集上达到了最好的定量评价结果。DDB、IAM 和所提方法之间的定量结构比较揭示了所提网络结构设计策略的重要性。综上所述,由 DDB 模块构建的局部特征对图像去模糊至关重要。一方面,DDB 模块能够促进特征的复用,增强特征的相关性,并在高维度上构建复杂的特征。另一方面,感受野通过较少的膨胀卷积层来扩展。由 IAM 构建的非局部特征对所提方法的图像去模糊性能做出了贡献。

3.3.5　目标损失函数消融对比实验

为证明所提方法目标损失函数与图像去模糊性能的正相关关系,开展了消融实验,具体包括:(1)不包含感知目标损失函数的网络 w/o perceptual;(2)不包含结构目标损失函数的网络 w/o structure;(3)所提方法。

上述消融实验采用与所提方法一致的参数设置和训练方法,并在 GOPRO 数据集上对这些网络进行客观评价。图 3-41 是对目标损失函数进行消融实验得到的视觉效果的示例图。如图 3-41 (b)和(c)所示,移除感知目标损失函数和结构目标损失函数的网络产生的去模糊图像包含明显的运动模糊的轨迹,这证明了上述两个目标损失函数对于移除图像中模糊的作用。如图 3-41 (f)所示,所提方法具有良好的图像去模糊性能,能从极端模糊的输入图像中,恢复内容清晰的去模糊图像,图像中车的轮廓和车窗都能得到较好的恢复。表 3-8 给出了上述目标损失函数在 GOPRO 数据集上测试的平均结果。

表 3-8　所提方法目标损失函数的消融实验在 **GOPRO** 数据集上的客观评价结果

目标损失函数	GOPRO	
	$PSNR$(dB)	$SSIM$
w/o perceptual	26.574 2	0.791 3
w/o structure	29.654 8	0.865 3
所提方法	29.581 9	0.882 3

表 3-8 中,与目标损失函数消融实验得到结果的定量指标相比,所提网络模型在 PSNR 和 SSIM 两种量化指标下都取得了最好的结果。单独保留感知目标损失函数或结构目标损失函数,都无法获得具有显著结构和清晰细节的高质量去模糊图像。

3.3.6　小结

为了生成内容清晰的去模糊图像,本章将局部和非局部特征贯穿于网络结构的设计中。具体来说,本章提出一个 DDBnet 子网探究图像的局部特征和非局部特征与动态场景去模糊问题之间的关系,其中 DDB 模块和 IAM 模块分别用于构建局部特征和非局部特征。所提方法在几个合成数据集和真实图像上开展了主观和客观的对比实验,用于证明 DDBnet 对于图像去模糊问题的有效性。然而,所提方法在纹理丰富的模糊图像上去模糊性能较弱。在未来的研究中,将考虑扩展和升级所提模型以解决存在的局限。

第4章

基于图像先验的图像去模糊方法

基于 GAN 的图像去模糊网络大多通过设计生成网络的结构和目标损失函数,实现图像去模糊并提升去模糊图像的视觉效果,但是却忽略了判别网络的结构以及判别损失函数的设计。仅训练判别网络区分生成图像和真实图像,不足以产生具有显著结构的高质量去模糊图像。这是因为判别网络主要从图像的内容域出发判别图像的真假,而事实上是否具有显著的结构信息是判别图像清晰与否的直观感受。本章引入的基于图像边缘判别机制与部分权值共享的图像去模糊方法,使得生成网络和判别网络的性能都得到提升。下面具体介绍所提网络模型的结构、优化网络训练使用的目标损失函数、模型的训练方法与具体参数设置。最后比较验证所提方法的有效性,并对实验结果进行分析和讨论。

4.1 基于图像边缘判别机制与部分权值共享的图像去模糊

本章引入一种基于图像边缘判别与部分权值共享网络的图像去模糊方法,从新的角度探究模糊图像的清晰化问题。所提方法的框架如图 4-1 所示。

网络的训练过程包含生成网络和判别网络的训练。生成网络训练的过程如下:模糊图像 b 输入到生成网络 G 中,得到生成图像 $G(b)$,与此同时,将清晰图像 s 输入到图像边缘弱化处理模块中,得到边缘弱化图像 e。判别网络训练的过程如下:将生成图像 $G(b)$、边缘弱化图像 e、清晰图像 s 输入到判别网络中,判断生成图像 $G(b)$ 是否真实,以及判别图像的边缘信息是否清晰,并分别将这两类判断结果以反向传播的形式反馈给生成网络 G,进一步驱使生成网络将图像从模糊域正确地转换到清晰域。生成网络和判别网络之间竞争学习直到整个网络收敛。

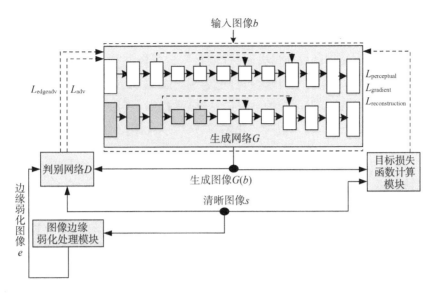

图 4-1　基于图像边缘判别与部分权值共享的图像去模糊方法框架图

模型通过以下目标损失函数对生成网络 G 加以约束:(1)感知目标损失函数 $L_{perceptual}$,其通过限定清晰图像 s 和生成图像 $G(b)$ 在图像语义特征方面的一致性,使得生成图像具有逼真的视觉效果;(2)图像梯度目标损失函数 $L_{gradient}$,其通过限定清晰图像 s 与生成图像 $G(b)$ 在图像结构特征方面的一致性,使生成的图像具有显著的结构特征;(3)特征重建目标损失函数 $L_{reconstruction}$,使得清晰图像在特征解码的过程中不偏离原始图像内容。此外,还对判别网络 D 增加约束:(1)判别目标损失函数 L_{adv} ,其目的是判别生成图像的真假;(2)图像边缘判别目标损失函数 $L_{edgeadv}$,其目的是判别图像边缘的真假。

4.1.1　图像边缘判别机制

图像中的显著边缘通常作为重要的先验信息用于图像去模糊,基于传统图像处理方法的去模糊方法是在最大后验概率框架下引入边缘选择的过程,即先预测图像中显著的边缘,然后以此估计模糊核。基于这一思想,许多研究人员陆续提出了基于边缘选择的去模糊方法,这些算法在具有显著边缘的图像上有较好的去模糊结果。然而,基于图像边缘的去模糊方法大多依赖于边缘滤波器的设计以及阈值的选择。

所提方法以图像边缘作为先验信息,引入一种图像边缘判别机制,使得生成网络和判别网络的设计均围绕着这种边缘判别机制展开,从而提升 GAN 整体对图像边缘的判别学习能力。具体来说,对于生成网络,在生成图像和清晰图像之间引入图像梯度目标损失函数,使得生成图像具有显著的边缘;对于判别网络,引进图像边缘判别目标损失函数,除了要完成生成图像和清晰图像之间的真假判别,还需要对图像的边缘信息进行判别。为了同时完成图像内容和边缘信息判别的任务,引入边缘弱化图像(边缘弱化图像的制作方法详见 4.1.6.1 节)。图 4-2 列举了训练集中的示例图像。

(a) 模糊图像　　　　　　　(b) 清晰图像　　　　　　　(c) 边缘弱化图像

图 4-2　训练集图像示例

4.1.2　部分权值共享网络

如何让去模糊图像具有良好的细节一直是一个极具挑战的问题。为了尽可能地恢复图像的细节,所提方法引入一种基于部分权值共享的生成网络结构。所提方法充分利用训练集中的清晰图像,在图像重建的过程中提供清晰图像的特征。具体来说,生成网络包括两个分支,即模糊图像以及对应的清晰图像分别作为输入传送到生成网络中。在网络的编码阶段,模糊图像和清晰图像的编码过程拥有各自的编码器,并且产生的参数之间相互保持独立;但在图像的解码阶段,模糊图像和清晰图像共享解码器。图 4-3 给出了基于部分权值共享的生成网络结构图。

图 4-3 中,网络中相同颜色的模块表示生成网络的两个分支之间可以共享,不同颜色的模块则表示不能共享。下面,分析生成网络部分权值共享的原因。

图 4-4 给出了非均匀运动时的模糊图像与清晰图像,图像中行人的运动引起图像的前景模糊;而图像的背景相对静止,即背景内容清晰。

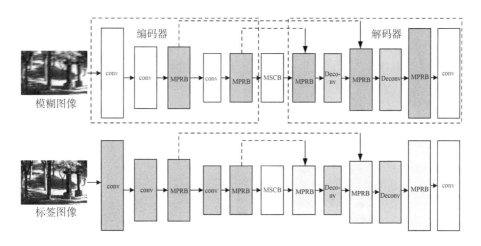

图 4-3　部分权值共享的生成网络整体架构

　　　（a）模糊图像　　　　　　　　　　　（b）清晰图像

图 4-4　非均匀运动模糊图像以及清晰图像

　　图 4-5 是模糊图像经过两次下采样操作后获得的不同尺度的图像,以及从不同尺度的模糊图像中提取的模糊区域图像和清晰区域图像。

　　图 4-5 中,蓝色方框内的图像是模糊区域,黄色方框内的图像是清晰区域。图 4-5(a)和 4-5(b)中,清晰的图像区域经过下采样之后依然清晰,模糊的图像区域经过下采样后,原本模糊的区域有可能变得清晰。如果清晰图像和模糊图像在图像编码阶段共享网络模型,那么模糊图像对应的编码器在最小尺度上能提取清晰特征,却无法在最大尺度上提取模糊特征,这会干扰模糊图像的特征编码过程。因此,在图像的编码阶段,清晰图像和模糊图像之间无法实现参数共享。而在图像解码阶段,清晰图像的解码特征会不断地为图像特征的重构提供清晰的特征,因此生成网络的解码器可以共享。综上所述,基于部分权值共享的网络能够增强图像去模糊的性能,使得去模糊的图像具有良好的细节和视觉效果。

(a) 模糊图像下采样后获得的不同尺度的图像　　(b) 由图(a)中提取的模糊和清晰的图像块

图4-5　非均匀运动模糊图像中模糊区域和清晰区域的图像及对应的下采样区域图像

4.1.3　生成网络结构

生成网络用于在损失函数的约束下产生生成图像,所提方法设计了一个基于部分权值共享的生成网络。由图4-3可知,生成网络包括两个分支,并且这两个分支的网络结构相同,由于篇幅有限,图4-6只给出其中一个分支的结构。

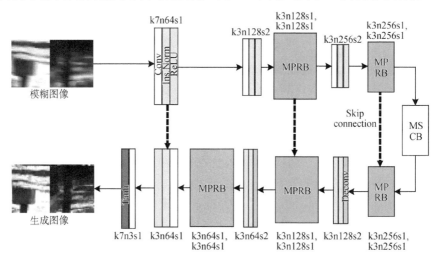

图4-6　生成网络结构

图 4-6 中,模糊图像输入到生成网络后,经过特征提取和网络优化训练,产生生成图像。生成网络主要由 5 个模块组成。第 1 个模块是平卷积层,由"conv-Ins. Norm-ReLU"表示,卷积层的参数表示为"模糊核的尺寸×输出特征的通道数×步长",其作用是将 3 通道的输入图像映射到 64×64 的映射空间。第 2 个模块是下采样卷积模块,包括 1 个下采样卷积层和 3 个以残差方式连接的 MPRB 模块构成的残差模块,其作用是提取图像局部特征用于特征编码。第 3 个模块是 MSCB 模块,用于复用和增强特征,并重建图像内容和域的特征。第 4 个模块是上采样卷积模块,包括 1 个上采样卷积层和 3 个以残差方式连接的 MPRB 模块构成的残差模块,其目的是解码之前编码的特征。第 5 个模块由 1 个平卷积层和 1 个 Tanh 激活函数构成,用于输出恢复后的 3 通道清晰图像。生成网络中不同尺度之间的跳变连接能促进同尺度图像特征的恢复,还能减轻梯度爆炸的影响。

其中 conv 表示卷积操作,Ins. Norm 表示实例归一化,ReLU 表示整流线性单元激活函数,MPRB(Multi-Path Residual Block)表示多路径残差模块,MSCB(Multi-Scale Cross Block)表示多尺度交叉模块,Deconv 表示反卷积层,Tanh 表示激活函数,Skip Connection 表示跳变连接,k 表示卷积核,n 表示特征映射数,s 表示步长。

下面具体介绍 MPRB 和 MSCB 模块。

1. MPRB

近年来,研究人员提出了许多图像特征提取模块。He 等引入 Resblocks 的概念,减少了网络训练时梯度消失和梯度爆炸的现象。ResBlocks 在许多计算机视觉任务中得到了应用,并获得了令人信服的结果。之后,LeCun 等提出了 Densblocks 模块,其目的是减少梯度消失的现象,增强图像特征之间的传播以及卷积层之间的特征复用,并显著减少网络参数的数目。受上述模块的启发,所提方法引入如图 4-7 所示的 MPRB 模块。

图 4-7 中,MPRB 模块由 3 个级联的多尺度卷积层组成,并在模块的输入和输出之间引入残差映射。输入到 MPRB 模块后的特征分别传送到卷积核为 3×3 和 5×5 的分支中,不同尺寸的卷积核可以捕捉不同尺度的图像局部特征,并且每个卷积层都被 Leaky ReLU 函数激活,其数学表达式如式(4-1)和式(4-2)所示:

$$F_1 = L(w_{5\times5}^1 * X) \tag{4-1}$$

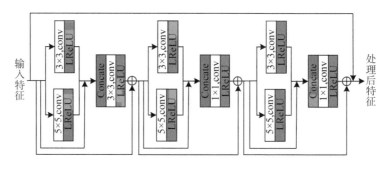

图 4-7　MPRB 模块

$$F_2 = L(w_{3\times3}^1 * X) \tag{4-2}$$

其中，F_1 表示经过第一个分支学习得到的特征，$L(x)$ 表示 Leaky ReLU 激活函数，w 代表卷积核，X 表示输入图像，F_2 表示经过第二个分支学习得到的特征。

将两个分支的输出与输入以通道叠加的方式连接在一起，增加了网络层之间信息量的传递，实现了特征信息的复用。最后，利用卷积核为 1×1 的瓶颈层增强网络的非线性，其数学表达式如式(4-3)所示：

$$F_3 = L(w_{1\times1}^2 * [F_1, F_2, X]) \tag{4-3}$$

其中，$[F_1, F_2, X]$ 表示特征 F_1 和特征 F_2 以及输入 X 的特征通道的叠加操作。

在输入和多尺度卷积层的输出之间添加残差连接，使该模型无需直接学习完整的特征映射，只需拟合输入与输出之间的残差。这不仅能够缓解梯度消失的问题，而且有利于网络的优化训练。

2. MSCB 模块

由于图像去模糊的高病态性，造成了高频信息的大量丢失。实验结果表明，增强和复用网络中学习的特征是图像去模糊的关键。为了提升去模糊图像的质量，所提方法考虑采用多流结构扩展网络的宽度，并形成一个两分支的多尺度交叉模块来关联不同尺寸的感受野捕捉到的特征表示，促进特征的复用和融合。MSCB 模块的结构如图 4-8 所示。

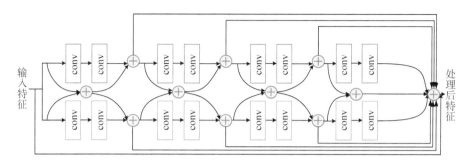

图 4-8　MSCB 模块

图 4-8 中，MSCB 由级联方式排列的四个特征交叉关联单元组成。对于每个特征交叉关联单元，将输入的特征表示分别流入卷积核为 3×3（上分支）和 5×5（下分支）的分支中，用于定位不同尺度的局部特征。对于前三个单元，从两个分支学到的特征是相互交叉关联的，即跨尺度的依赖关系不断增强，并以一种简单的方式进行融合。将前面所有特征交叉关联单元学习的特征与从最后一个单元中学习到的特征进行融合。最后，在 MSCB 的输入和输出之间添加一个残差连接，促进网络的收敛和优化。这种多尺度交叉模块能够建模高阶映射，可以学习复杂的特征表示。

4.1.4　判别网络结构

所提方法采用 PatchGAN 作为判别网络，网络结构和参数设置由图 4-9 所示。

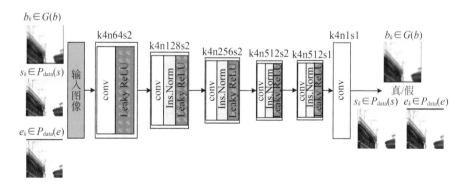

图 4-9　判别网络结构

与前一章网络的判别内容不同,所提方法的判别网络需要完成两次判别,第一次需要判别生成图像 $G(b)$ 与清晰图像 s_k 的真假,第二次需要完成边缘弱化图像 e_k 与清晰图像 s_k 真假的判别,并且这两次判别任务是同时进行的。

4.1.5　目标损失函数

网络训练过程中使用了目标损失函数,主要包括对抗目标损失函数 $L_{adv}(G,D)$、感知目标损失函数 $L_{perceptual}$、特征重建目标损失函数 $L_{reconstruction}$、图像梯度目标损失函数 $L_{gradient}$ 4 项。网络整体目标损失函数如式(4-4)所示:

$$L(G,D) = \alpha L_{adv}(G,D) + \beta L_{perceptual} + \delta L_{reconstruction} + \lambda L_{gradient} \qquad (4-4)$$

各约束项的权重系数约束如下: $\alpha = 1$,$\beta = 10$,$\delta = 100$,$\lambda = 12$。下面具体介绍各目标损失函数。

1. 对抗目标损失函数 $L_{adv}(G,D)$

引入 $L_{adv}(G,D)$ 的目的是引导图像特征由模糊图像域向清晰图像域进行映射。将生成图像 $G(b_k)$、清晰图像 $s_k \in P_{data}(s)$、边缘弱化图像 $e_k \in P_{data}(e)$ 三者输入到判别网络中,使判别网络在完成生成图像 $G(b_k)$ 与清晰图像 $s_k \in P_{data}(s)$ 判别任务的同时,还需完成清晰图像 $s_k \in P_{data}(s)$ 与边缘弱化图像 $e_k \in P_{data}(e)$ 的判别,以提升判别网络对图像边缘信息的判别学习能力。对抗目标损失函数 $L_{adv}(G,D)$ 的数学表达式如式(4-5)所示:

$$\begin{aligned}
L_{adv}(G,D) = {} & E_{b_k \sim P_{data}(b)}\big[D(G(b_k))\big] - E_{s_k \sim P_{data}(s)}\big[D(s_k)\big] \\
& + \lambda \mathop{E}_{\hat{x}_1 \sim P_{\hat{x}_1}}\big[(\| \nabla_{\hat{x}_1} D(\hat{x}_1) \|_2 - 1)^2\big] - E_{e_k \sim P_{data}(e)}\big[D(e_k)\big] \\
& + \lambda \mathop{E}_{\hat{x}_2 \sim P_{\hat{x}_2}}\big[(\| \nabla_{\hat{x}_2} D(\hat{x}_2) \|_2 - 1)^2\big]
\end{aligned} \qquad (4\text{-}5)$$

其中,$E_{s_k \sim P_{data}(s)}\big[D(s_k)\big]$ 表示判别网络 D 判别清晰图像 s_k 为真的期望值,$E_{b_k \sim P_{data}(b)}\big[D(G(b_k))\big]$ 表示判别网络 D 判别生成图像 $G(b_k)$ 为假的期望值。$\lambda \mathop{E}_{\hat{x}_1 \sim P_{\hat{x}_1}}\big[(\| \nabla_{\hat{x}_1} D(\hat{x}_1) \|_2 - 1)^2\big]$ 表示梯度惩罚项,λ 表示权重系数;$\hat{x}_1 = \varepsilon s_k + (1-\varepsilon)G(b_k)$ 表示在清晰图像 s_k 和生成图像 $G(b_k)$ 的连线上均匀采样得到的样本,ε 服从[0,1]的均匀分布;$P_{\hat{x}_1}$ 表示 $\hat{x}_1$ 的数据分布。$E_{e_k \sim P_{data}(e)}\big[D(e_k)\big]$ 表示判别网络 D 判别清晰图像 e_k 为假的期望值。$\lambda \mathop{E}_{\hat{x}_2 \sim P_{\hat{x}_2}}\big[(\| \nabla_{\hat{x}_2} D(\hat{x}_2) \|_2 - 1)^2\big]$ 表

示梯度惩罚项，$\hat{x}_2 = \varepsilon s_k + (1-\varepsilon)e_k$ 表示在清晰图像 s_k 和边缘弱化图像 e_k 的连线上均匀采样得到的样本；$P_{\hat{x}_2}$ 表示 $\hat{x}_2$ 的数据分布。

2. 感知目标损失函数 $L_{\text{perceptual}}$

通过 $L_{\text{perceptual}}$ 分别提取的生成图像和清晰图像的高维特征，使得生成图像与清晰图像在高维空间结构保持一致，并具有良好的视觉效果。$L_{\text{perceptual}}$ 的数学表达式如式(4-6)所示：

$$L_{\text{perceptual}} = \frac{1}{CWH} \sum_{x=1}^{W} \sum_{y=1}^{H} \| \varphi_{i,j}(s_k)_{x,y} - \varphi_{i,j}(G(b_k))_{x,y} \|_2 \qquad (4\text{-}6)$$

其中，C 表示特征的通道数，W 和 H 分别表示图像的宽度和高度，$\varphi_{i,j}$ 表示经过激活函数之后第 i 个池化层之前的第 j 个卷积层之后的特征。本章选择预训练 VGG19 模型中的第"conv3 - 3"层分别提取生成图像和清晰图像的语义特征。

3. 特征重建目标损失函数 $L_{\text{reconstruction}}$

由于生成网络的框架是基于部分权值共享的，在生成网络的解码器部分，模糊图像和清晰图像共享解码器，其目的在于为去模糊图像的生成过程提供有利于图像恢复的清晰特征。为了保证清晰图像在特征解码的过程中不偏离原始图像内容，利用 L_1 范数正则此过程。其数学表达式如式(4-7)所示：

$$L_{\text{reconstruction}} = \frac{1}{WH} \sum_{x=1}^{W} \sum_{y=1}^{H} \| L_1(s_k)_{x,y} - L_1(G(s_k))_{x,y} \|_1 \qquad (4\text{-}7)$$

4. 图像梯度目标损失函数 L_{gradient}

通过 L_{gradient} 约束清晰图像和生成图像在水平和垂直方向上的梯度损失，其使得生成的图像保留显著的图像边缘。其具体计算方法如式(4-8)所示：

$$L_{\text{gradient}} = \frac{1}{WH} \sum_{x=1}^{W} \sum_{y=1}^{H} \left[\| \nabla_h(s_k) - \nabla_h(G(b_k)) \|_1 + \| \nabla_v(s_k) - \nabla_v(G(b_k)) \|_1 \right]$$

$$(4\text{-}8)$$

其中，∇_h 和 ∇_v 分别表示图像水平和垂直方向的梯度运算，$\| \nabla_h(s_k) - \nabla_h(G(b_k)) \|_1$ 表示真实图像 s_k 和生成图像 $G(b_k)$ 在图像水平方向上的梯度差，$\| \nabla_v(s_k) - \nabla_v(G(b_k)) \|_1$ 表示真实图像 s_k 和生成图像 $G(b_k)$ 在图像垂直方向上的梯度差。

4.1.6 实验过程及结果分析

实验采用 GOPRO 数据集为例进行。下面首先介绍图像数据集的制作方法和参数设置,然后在不同的合成图像数据集和真实图像上对所提方法,与一些典型的图像去模糊方法进行比较对比分析,这些对比算法包括 Gong 等、Nah 等、Kupyn 等、Whyte 等、Xu 等、Pan 等、Cho 等和 Krishnan 等。这些方法的源代码由作者提供,实验中根据原始的配置参数在测试数据集上重现这些方法。此外,还进一步对生成网络的模型和目标损失函数进行了消融实验。

4.1.6.1 数据准备及参数设置

GOPRO 数据集是针对图像去模糊问题提出的标准数据集,数据集由模糊图像和清晰图像组成。所提方法为了实现图像边缘判别机制,引入了边缘弱化图像。为解决上述问题,实验在 GOPRO 图像数据集的基础上采用合成的方法获得边缘弱化图像。实验根据模糊图像合成方法,弱化清晰图像显著的边缘信息,生成一组模糊程度介于清晰图像 $P_{data}(s) = \{s_k \mid i = 1\cdots M\} \subset S$ 和模糊图像 $P_{data}(b) = \{b_k \mid i = 1\cdots L\} \subset B$ 之间的边缘弱化图像 $P_{data}(e) = \{e_k \mid i = 1\cdots N\} \subset E$。其中 S 表示清晰图像域,B 表示模糊图像域,E 表示边缘弱化的图像域,M 表示清晰图像的个数,L 表示模糊图像的个数,N 表示边缘弱化图像的个数,s_k 表示清晰图像,b_k 表示模糊图像,e_k 表示边缘弱化图像,$P_{data}(s)$ 表示清晰图像的数据分布,$P_{data}(b)$ 表示模糊图像的数据分布,$P_{data}(e)$ 表示边缘弱化图像的数据分布。根据实验经验将轨迹矢量设置为 $[0.01, 0.009, 0.008, 0.007, 0.005, 0.003]$,其余参数保持默认值不变。需要说明的是,边缘弱化图像的模糊程度要与清晰图像接近,如果边缘图像的模糊程度与模糊图像相当,就无法提升判别网络对图像边缘信息判别的灵敏度,图像边缘判别机制也将失去意义。

网络训练过程中,将分辨率是 $1\,280 \times 720$ 的模糊图像、清晰图像以及边缘弱化图像随机裁剪为 256×256 大小的图像块,这种方式可以起到数据增强、防止网络过拟合的作用。

实验软硬件配置是:操作系统为 Unbuntu14.04,深度学习框架为 Pytorch,硬件配置为 NVIDIA 1080Ti GPU、ntel(R)Core(TM)i7 CPU(16GBRAM)。采用 Adam 作为网络的优化器并设置 $\beta_1 = 0.5$,$\beta_2 = 0.999$。生成网络和判别网络的学习率均设置为 $0.000\,1$,batch size 为 4,Leaky ReLU

激活函数的斜率是 0.2。训练过程中每更新 1 次生成网络，判别网络更新 5 次。此外，消融实验的参数设置同上。

4.1.6.2 合成模糊图像的比较实验

本部分实验利用 GOPRO 的测试集、Köhler 数据集以及 Su 等拍摄的视频帧作为测试集进行测试，分别进行了主观对比实验、客观对比实验。

1. 主观对比实验

图 4-10、图 4-11、图 4-12 以及图 4-13 给出所提方法和对比算法在合成模糊图像上处理结果的四组示例。

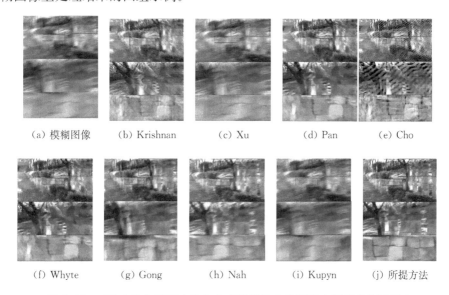

（a）模糊图像　　（b）Krishnan　　（c）Xu　　（d）Pan　　（e）Cho

（f）Whyte　　（g）Gong　　（h）Nah　　（i）Kupyn　　（j）所提方法

图 4-10　对比方法和所提方法在合成数据集上的图像去模糊效果示例 1

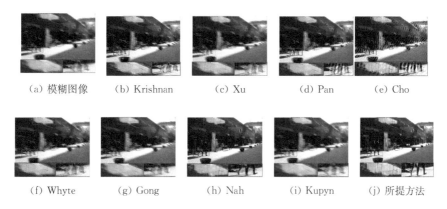

（a）模糊图像　　（b）Krishnan　　（c）Xu　　（d）Pan　　（e）Cho

（f）Whyte　　（g）Gong　　（h）Nah　　（i）Kupyn　　（j）所提方法

图 4-11　对比方法和所提方法在合成数据集上的图像去模糊效果示例 2

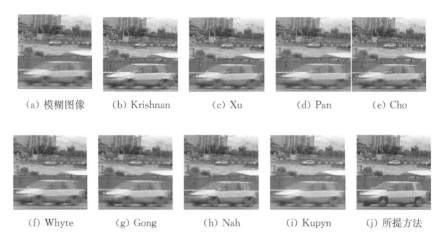

图 4-12　对比方法和所提方法在合成数据集上的图像去模糊效果示例 3

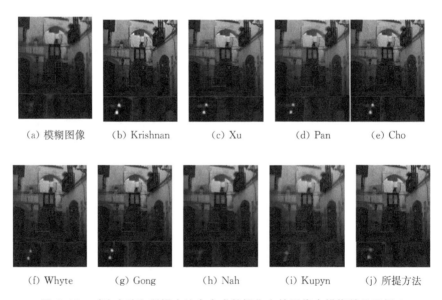

图 4-13　对比方法和所提方法在合成数据集上的图像去模糊效果示例 4

如图 4-10、4-11、4-12、4-13 所示,其中(b)(c)(d)(e)(f)(g)(h)(i)是方法
Krishnan 等、Xu 等、Pan 等、Cho 等、Whyte 等、Gong 等、Nah 等和 Kupyn 等的
实验结果,可以看出得到的去模糊图像中的语义内容并不清晰可辨,模糊的轨
迹仍然存在。Nah 等的结果与所提方法得到的结果最为接近,但是 Nah 等得
到的结果在图像边缘和细节等方面仍然存在改进空间。例如,图 4-10(h)中石

块的边缘、图 4-11(h)中行人的轨迹、图 4-12(h)中行驶车辆的车轮和车身轮廓、图 4-13(h)中的灯泡等。如图4-10(j)、4-11(j)、4-12(j)与 4-13(j)所示,所提方法处理得到的图像具有清晰的边缘和良好的细节。

2. 客观对比实验

实验采用图像质量评价指标 PSNR 和 SSIM,对所提方法与典型的图像去模糊方法 Krishnan 等、Xu 等、Pan 等、Cho 等、Whyte 等、Gong 等、Nah 等和 Kupyn 等,在 GOPRO 测试集和 Köhler 数据集上进行客观评价。表 4-1 给出了上述算法在合成模糊图像测试集上的平均量化结果。

表 4-1　不同方法在 GOPRO 数据集和 Köhler 数据集上的客观评价

图像去模糊方法	GOPRO $PSNR$(dB)	GOPRO $SSIM$	Köhler $PSNR$(dB)	Köhler $SSIM$
Krishnan	18.706 2	0.539 1	18.589 2	0.537 1
Xu	22.034 0	0.682 0	19.164 8	0.552 8
Pan	22.892 7	0.675 9	20.276 5	0.612 7
Cho	18.381 6	0.520 1	19.312 0	0.564 0
Whyte	25.526 9	0.751 3	20.526 1	0.617 6
Gong	27.277 8	0.818 7	21.337 1	0.659 0
Nah	28.322 5	0.858 8	20.850 7	0.634 0
Kupyn	25.236 3	0.777 3	19.084 3	0.583 8
所提方法	28.901 9	0.869 4	21.352 1	0.652 1

表 4-1 中,与所有对比方法相比,所提网络模型在使用的两种量化指标和两个数据集上都取得了最好的结果。就 PSNR 指标而言,所提方法比算法性能排序第二的方法高出 0.6db;就 SSIM 指标而言,所提方法也达到了最高的定量结果。定量评价结果与主观视觉效果保持一致,这些结果都证明了基于图像边缘判别机制与部分权值共享的图像去模糊方法的有效性,以及在图像数据集上的优异表现。

4.1.6.3　真实模糊图像的比较实验

尽管所提方法已经在合成模糊数据集上进行了客观对比实验,但是真实的模糊图像通常是由相机移动、物体运动、深度变化等更复杂的原因引起的。为进一步验证网络方法的有效性和泛化性,在真实视频帧上对所提方法和对比方法进行测试。图 4-14 和图 4-15 给出了所提方法和对比方法在真实模糊图像上处理结果的两组示例。

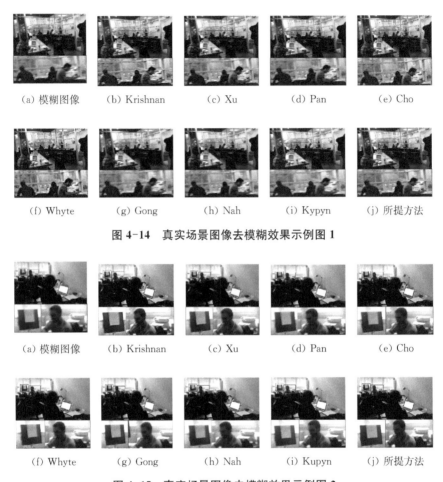

图 4-14　真实场景图像去模糊效果示例图 1

图 4-15　真实场景图像去模糊效果示例图 2

图 4-14 中,降质的图像不仅包括模糊的图像区域,而且低光照成像条件使得真实的模糊图像包括一定的噪声。如图 4-14(b)(c)(d)(e)(f)所示,基于传统图像处理的去模糊方法 Krishnan 等、Xu 等、Pan 等、Cho 等和 Whyte 等得到的结果产生了明显的伪影。如图 4-14(g)(h)(i)所示,基于深度学习的方法 Gong 等、Nah 等和 Kupyn 等产生的结果虽然能恢复出模糊区域的图像内容,但在边缘结构恢复等方面存在欠缺。方法 Kupyn 等利用了感知损失对输入图像和生成图像之间的高维特征加以约束,但其视觉效果仍然具有模糊效应。如图 4-14(j)所示,利用所提方法复原的图像具有自然的视觉效果。

图 4-15 中的模糊退化图像整体基本在同一个深度表面,如图 4-15(j)所示,图像中的人物整体的侧面轮廓特别是五官部分的结构和细节都得到了很好的恢复。综上分析,一方面,所提方法中的边缘判别机制可以判别学习图像的边缘信息;另一方面,所提方法基于部分权重共享的网络,将清晰图像的特征引入到去模糊的解码重建中,使得融合了清晰特征的去模糊图像具有更良好的细节。

4.1.7　图像边缘判别机制与部分权重共享网络消融对比实验

为证明所提方法内各模块及目标损失函数的功能及有效性,我们进行了消融实验,具体包括:(1)不包含感知目标损失函数的网络 w/o perceptual;(2)不包含图像梯度目标损失函数的网络 w/o GL;(3)不包含图像边缘判别机制的网络 w/o EDM;(4)不包含部分权值共享的网络 w/o PWS;(5)共享生成网络编码器的下采样层的网络 WSDL;(6)共享生成网络编码器的 MPRB 模块的网络 WMPRB。

上述消融实验采用与所提方法一致的参数设置和训练方法,并在 GOPRO 数据集上对这些网络进行客观评价。图 4-16 是网络各模块进行消融实验得到的视觉效果。

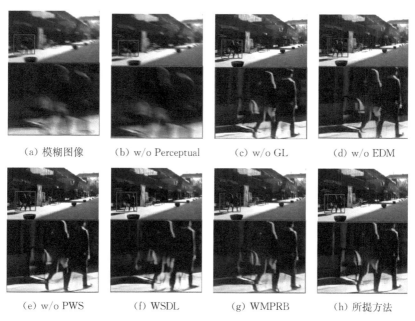

（a）模糊图像　　（b）w/o Perceptual　　（c）w/o GL　　（d）w/o EDM

（e）w/o PWS　　（f）WSDL　　（g）WMPRB　　（h）所提方法

图 4-16　网络各模块消融实验结果示例

图 4-16(a)是模糊图像,如图 4-16(b)所示,移除感知目标损失函数的网络

几乎不产生作用，这证明了感知目标损失函数在图像去模糊中的作用。如图 4-16(c)所示，移除图像梯度目标损失函数后，网络很难区分模糊区域，得到的结果存在明显的伪影。如图 4-16(d)和 4-16(e)所示，网络 w/o EDM 和 w/o PWS 的去模糊结果难以恢复图像的结构和细节。通过 PSNR 和 SSIM 的客观评价结果以及视觉结果观察发现，边缘判别机制和基于部分权值共享的网络对生成高质量的图像具有同样重要的作用，二者缺一不可。如图 4-16(f)和图 4-16(g)所示，无论是 WSDL 网络还是 WMPRB 网络都无法产生高质量的去模糊图像。共享编码器中的下采样层和 MPRB 模块都会干扰生成网络对模糊图像中清晰区域和模糊区域的编码，致使生成图像具有明显的伪影。共享 MPRB 模块的网络处理得到的去模糊图像甚至连颜色都发生了变化。

此外，通过 PSNR 和 SSIM 客观评价的方式对每个网络处理得到的结果进行评价，表 4-2 给出了上述网络在 GOPRO 数据集上测试的平均结果。

表 4-2　所提方法不同部分在 GOPRO 数据集上的客观评价结果

网络提供和目标损失函数	GOPRO	
	PSNR(dB)	SSIM
w/o perceptual	26.902 9	0.808 6
w/o GL	28.325 2	0.830 2
w/o EDM	28.591 0	0.851 5
w/o PWS	28.462 8	0.848 6
WSDL	26.921 7	0.808 5
WMPRB	28.390 8	0.846 1
所提方法	28.901 9	0.869 4

表 4-2 中，与所提方法内各模块及目标损失函数得到结果的定量指标相比，所提网络模型在 PSNR 和 SSIM 两种量化指标下都取得了最好的结果。单独保留 EDM 和 PWS 的其中一项，都无法获得具有显著结构和清晰细节的高质量去模糊图像。因此，EDM 和 PWS 二者缺一不可，兼顾了 EDM 和 PWS 的网络能够更好地提升图像清晰度。

4.1.8　小结

本章提出一种基于图像边缘判别与部分权值共享的图像去模糊方法。图像的边缘判别机制改变了只依赖生成网络性能的现状，增强网络对图像边缘信息的判别能力。所提方法最大限度地从已知图像中获取有用的信息,在图像的生成阶段,利用清晰图像为去模糊图像的重建过程提供清晰特征,得到具有良好细节的去模糊图像。通过主观对比实验和客观对比实验在合成的模糊图像数据集和真实模糊图像上评价所提方法和比较方法,实验结果证明了所提网络模型的有效性。

4.2　基于双网络判别的盲图像去模糊

图像拍摄过程中会不可避免地产生由相机抖动或物体运动引发的图像模糊问题。针对该问题,提出了一种基于图像边缘判别机制的盲图像去模糊方法,以恢复图像并使之具有清晰的边缘。首先,提出一个 PNet 子网,将模糊图像作为输入并利用数据驱动的方式进行判别学习,直到网络收敛。将模糊图像再次输入到训练收敛的 PNet 子网的生成器中,可得到去模糊图像,并将此图像记做边缘弱化图像。其次,提出一个 DNet 子网,将模糊图像和边缘弱化图像输入到 DNet 子网中进行训练,得到训练收敛的 DNet 生成器即为图像去模糊模型。此外,提出边缘重建函数和图像语义内容损失函数用于约束图像的边缘和语义信息。最后,提出图像边缘判别的目标损失函数,其使 DNet 子网的判别器在完成生成图像与标签图像真假判别的同时,还完成了对边缘弱化图像和标签图像的进一步判别,使图像边缘信息的判别学习得到了强化。

4.2.1　双网络图像边缘判别机制

通常,图像边缘是否清晰是人们评判图像质量的标准之一。在传统图像去模糊方法中,图像边缘作为一种先验信息被直接或间接地作为正则项来限制图像的恢复。在基于 GAN 的图像去模糊算法中,以往的方法更侧重于对生成器结构和目标损失函数的设计,而判别器只用于表征输出图像在多大程度上接近于真实图像(清晰图像)。通过实验观察发现,显著的边缘是清晰图像的一个重要特征,但这些边缘在整个图像中的占比通常很小。因此,在标准判别目标损失函数的约束下,不具备显著边缘的生成图像很可能会干扰判别器并做出错误的判断。为了解决先前图像去模糊方法的弊端,本书提出了如图 4-17 所示的基于图像边缘的判别学习机制。

具体来说,为了更好地揭示图像去模糊问题的时变性,首先提出一个边缘

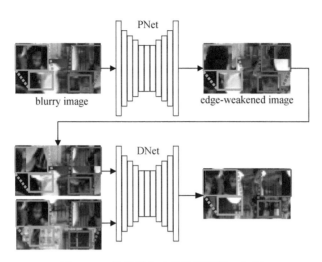

图 4-17　基于图像边缘的判别学习机制

注:其中 blurry image 表示模糊输入图像,edge-weakened image 表示边缘弱化图像,由锯齿的线条构成的矩形代表模糊图像中的清晰区域,由实线构成的矩形代表模糊图像中的模糊区域。

弱化图像生成网络 PNet,将模糊图像 $P_{data}(b) = \{b_i | i = 1...M\} \subset B$ 作为输入并利用端对端的方式进行训练直到收敛;将训练使用的模糊图像输入到训练收敛的 PNet 子网中,即可得到边缘弱化图像 $P_{data}(e) = \{e_i | i = 1...N\} \subset E$。其中,B 表示模糊图像域,E 表示边缘弱化的图像域,M 代表训练集中模糊图像的个数,N 代表与标签图像对应的边缘弱化图像的个数。如图 4-18 所示,由数据驱动方式训练得到的边缘弱化图像能够揭示图像模糊问题的时变本质。其次,提出一个图像去模糊网络 DNet,将模糊图像和边缘弱化图像输入到 DNet 子网中进行训练。在 DNet 的训练过程中,引入边缘弱化图像能够增强

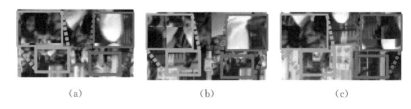

(a)　　　　　　　　　(b)　　　　　　　　　(c)

图 4-18　模糊图像、清晰图像以及边缘弱化图像

注:(a)模糊图像;(b)清晰图像;(c)由 PNet 学习得到的边缘弱化图像;其中由锯齿的线条构成的矩形代表模糊图像中的清晰区域,由实线构成的矩形代表模糊图像中的模糊区域。

判别器对图像边缘判别学习的灵敏度。因此,判别器不仅要对生成图像与清晰图像进行判别,还需要将标签图像与对应的边缘弱化图像进行二次判别。最终,训练收敛的 DNet 生成器就是图像去模糊模型。

4.2.2　图像去模糊网络结构

本章方法提出的网络结构包含 PNet 和 DNet 两个子网,这两个子网均为生成对抗网络。下面分别介绍 PNet 和 DNet 的网络结构。

4.2.2.1　PNet 子网网络结构

生成网络:PNet 子网的整体网络结构如图 4-19 所示。PNet 子网的输入是模糊图像,网络包括编码器和解码器两个部分,编码器阶段的主要作用是对模糊图像进行空间压缩和编码,解码器阶段的主要作用是构建图像内容和域的特征。此外,在对应尺度的上采样层和下采样层之间建立跳变连接,将编码器中学习的低维度特征与解码后的特征进行关联,指引其对图像局部和细节的恢复,这对于图像结构和细节的学习十分关键。编码器部分包括一个将特征的维度映射到 64×64 的卷积层;三个下采样层,用于下采样并编码图像,每一个下采样层后面分别添加如图 4-20 所示的三个稠密残差块,此时图像分辨率由 256×256 递减至 64×64。对应地,解码器包括三个用于上采样并解码图像的上采样层,每一个上采样层前面分别添加三个如图 4-20 所示的稠密残差块,此时图像分辨率由 64×64 递增至 256×256。最终,利用一个卷积核是 7×7 的卷积层和一个 Tanh 激活函数,即可得到生成图像。PNet 子网训练收敛后,将训练使用的模糊图像再次传送到收敛的 PNet 的生成器中,即可得到去模糊后

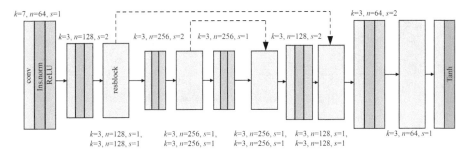

图 4-19　图像去模糊生成子网络结构图

注:其中 k 是模糊核,n 是特征通道数,s 是步长,conv 是卷积,Ins. Norm 是 Instance Normalization,ReLU 是 ReLU 激活函数,Tanh 是 Tanh 激活函数

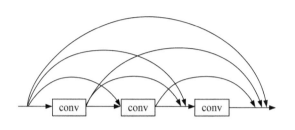

图 4-20   稠密残差块

的图像并记做 e_i。与模糊图像相比,去模糊图像 e_i 得到了恢复;但与标签图像相比,图像的边缘信息并不足够显著。因此,本书将 e_i 记做边缘弱化图像,其目的是在网络判别学习中提升判别器对图像边缘信息学习的灵敏度。

判别网络:为了对标签图像与边缘弱化图像 e_i 进行判别,这里采用如图 4-21 所示的 PatchGAN 作为判别器的网络结构。该判别器包括一个卷积层和三个下采样卷积层,其目的是降低输入图像的分辨率和编码重要的局部特征以用于特征分类。经过三个下采样卷积层的特征维度由 256×256 递减至 32×32。最终,采用一个被 Sigmoid 函数激活的卷积层得到分类响应。每个卷积层后面都添加了 Instance Normalization 层和 Leaky ReLU 激活函数,并且所有卷积层的卷积核大小为 4×4。在网络训练阶段,生成网络和判别网络之间不断竞争学习,直到网络达到收敛。

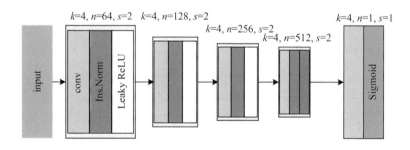

图 4-21   PNet 子网的判别网络的结构图

4.2.2.2   DNet 子网网络结构

生成网络:DNet 子网生成器的结构同图 4-19 所示,具体细节不再赘述。DNet 子网生成器的作用是完成图像的二次去模糊任务,需要说明的是输入 DNet 子网的图像包括模糊图像和边缘弱化图像。

判别网络:DNet 子网采用如图 4-22 所示的 PatchGAN 作为 DNet 网络判

别器的结构。需要说明的是，DNet 子网的判别器不仅需要对生成图像和标签
图像进行判别，还需要对标签图像和边缘弱化图像进行判别。因此，DNet 的判
别器能够对图像的边缘信息进行判别学习，从而驱使 DNet 的生成器生成边缘
显著的去模糊图像。

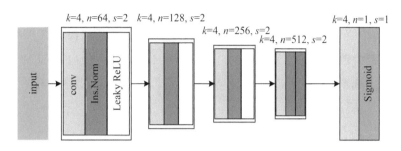

图 4-22　DNet 子网的判别网络的结构图

4.2.3　目标损失函数

用于优化本章网络结构的目标损失函数包含 PNet 子网的目标损失函数
和 DNet 子网的目标损失函数。下面分别介绍 PNet 和 DNet 网的目标损失
函数。

4.2.3.1　PNet 子网的目标损失函数

为了优化 PNet 子网的训练，分别添加图像语义内容的目标损失函数
$L_{\text{perceptual}}$ 以及判别目标损失函数 L_{adv} 对 G 与 D 加以约束。PNet 子网的目标损
失函数如公式(4-9)所示：

$$L = \beta L_{\text{perceptual}} + \alpha L_{\text{adv}} \tag{4-9}$$

其中，β 和 α 分别是 $L_{\text{perceptual}}$ 和 L_{adv} 的权重系数。根据实验过程经验地确定
L_{adv} 权重系数为 $\alpha = 1$；依据方法，$L_{\text{perceptual}}$ 的权重系数设置为 $\beta = 10$。下面对各
约束项进行详细介绍。

1. 图像语义内容的目标损失函数 $L_{\text{perceptual}}$

图像去模糊的目的在于使标签图像和去模糊图像能够保持相同的语义内
容，因此引入图像语义内容的目标损失函数 $L_{\text{perceptual}}$ ，约束去模糊图像和标签
图像的高维特征相似性，使图像更符合人眼视觉特性。图像语义内容的目标损
失函数的数学表达式如公式(4-10)所示：

$$L_{\text{perceptual}}(s, G_{\theta G}(b)) = \frac{1}{WH} \sum_{x=1}^{W} \sum_{y=1}^{H} \| \varphi_{i,j}(s)_{x,y} - \varphi_{i,j}(G_{\theta G}(b))_{x,y} \|_2$$

$$(4\text{-}10)$$

其中，$G_{\theta G}(b)$ 为去模糊图像，θ 为生成网络的参数；x 为图像的水平坐标；y 为图像的垂直坐标；W 和 H 分别代表输入图像的宽度和高度；$\varphi_{i,j}$ 代表从 VGG19 模型第 i 个池化层之前和第 j 个卷积层激活函数之后提取得到的特征，$\varphi_{i,j}(s)$ 代表清晰图像的语义特征，$\varphi_{i,j}(G_{\theta G}(b))$ 代表生成图像的语义特征。本节采用预训练好的 VGG19 模型的"conv 3 - 3"层中的特征图来计算语义内容的目标损失函数。

2. 判别目标损失函数 L_{adv}

PNet 子网判别器需要完成对生成图像 $G_{\theta G}(b)$ 和真实图像 s_i 真假的判别。由于 GAN 在训练时存在难以收敛的问题，因此采用 WGAN-GP 模型作为本书的判别器的优化器。PNet 子网的判别目标损失函数表达式如公式(4-11)所示：

$$L_{\text{adv}}(G, D) = E_{s_i \sim P_{\text{data}}(s)} [D(s_i)] - E_{b_i \sim P_{\text{data}}(b)} [D(G(b_i))]$$
$$- \lambda E_{\hat{x} \sim P_{\hat{x}}} [(\| \nabla_{\hat{x}} D(\hat{x}) \|_2 - 1)^2] \qquad (4\text{-}11)$$

其中，$E_{s_i \sim P_{\text{data}}(s)} [D(s_i)]$ 项是判别器 D 判别真实图像 s_i 为真的期望值，$E_{b_i \sim P_{\text{data}}(b)} [D(G(b_i))]$ 项是判别器 D 判别生成图像 $G(b_i)$ 为假的期望值。$\lambda E_{\hat{x} \sim P_{\hat{x}}} [(\| \nabla_{\hat{x}} D(\hat{x}) \|_2 - 1)^2]$ 表示梯度惩罚项，λ 为系数项，为均匀采样得到的样本的梯度；$\| \nabla_{\hat{x}} D(\hat{x}) \|_2$ 表示在真实图像 s_i 和生成数据 $G(b_i)$ 之间随机取值的连线上进行均匀采样得到的样本分布。

4.2.3.2 DNet 子网的目标损失函数

在图像恢复过程中，为了进一步提升生成网络与判别网络对图像边缘学习的灵敏度，添加图像语义内容的目标损失函数 $L_{\text{perceptual}}$、图像边缘重建目标损失函数 L_{gradient} 以及图像边缘判别目标损失函数 L_{adv} 对生成网络与判别网络加以约束，使得重构得到的生成图像具有清晰的边缘。DNet 子网的目标损失函数如公式(4-12)所示：

$$L = \beta L_{\text{perceptual}} + \lambda L_{\text{edge}} + \alpha L_{\text{adv}} \qquad (4\text{-}12)$$

其中，β，λ 和 α 分别是 $L_{\text{perceptual}}$，L_{gradient} 和 L_{adv} 的权重系数。依据实验过程

经验地确定 L_{gradient} 和 L_{adv} 权重系数为 $\lambda = 12$ 和 $\alpha = 1$；依据方法，$L_{\text{perceptual}}$ 的权重系数设置为 $\beta = 10$。下面对各约束项进行详细介绍。

1. 图像语义内容的目标损失函数 $L_{\text{perceptual}}$

DNet 子网采用约束 PNet 生成器的图像语义内容的目标损失函数，对标签图像和生成图像的语义信息的一致性进行约束，具体公式不再赘述。

2. 图像边缘重建的目标损失函数 L_{gradient}

边缘是衡量图像是否清晰的定性指标之一，在 G 中添加图像边缘重建的目标损失函数 L_{gradient} 对图像的边缘重建加以约束。在设计 L_{gradient} 时，选择 Canny 边缘检测算子提取生成图像的边缘和标签图像的边缘，并通过求解一范数 L_1 对生成图像和清晰图像在边缘一致性上的差距 $L_{\text{gradient}}(s, G_{\theta G}(b))$ 加以约束，如公式（4-13）所示。

$$L_{\text{gradient}}(s, G_{\theta G}(b)) = \frac{1}{WH} \sum_{x=1}^{W} \sum_{y=1}^{H} \parallel \text{Canny}(s)_{x,y} - \text{Canny}(G_{\theta G}(b))_{x,y} \parallel_1$$

$$(4\text{-}13)$$

其中，W 和 H 分别代表输入图像的宽度和高度，$\text{Canny}(G_{\theta G}(b))_{x,y}$ 表示生成图像的边缘信息，$\text{Canny}(s)_{x,y}$ 表示清晰图像的边缘信息。

3. 图像边缘判别目标损失函数 L_{adv}

与以往采用标准判别目标损失函数对生成图像进行判别的判别器不同，本书设计的判别器需要完成两次判别任务，即生成图像 $G_{\theta G}(b)$ 和真实图像 s_i 的判别与边缘弱化图像 e_i 和真实图像 s_i 的判别。由于 GAN 在训练时存在难以收敛的问题，因此采用 WGAN−GP 模型作为本书的判别器的优化器。图像边缘判别目标损失函数的数学表达式如公式（4-14）所示：

$$
\begin{aligned}
L_{\text{adv}}(G, D) = {} & E_{s_i \sim P_{\text{data}}(s)} [D(s_i)] - E_{b_i \sim P_{\text{data}}(b)} [D(G(b_i))] \\
& + \lambda \underset{\hat{x}_1 \sim P_{\hat{x}_1}}{E} [(\parallel \nabla_{\hat{x}_1} D(\hat{x}_1) \parallel_2 - 1)^2] - E_{e_i \sim P_{\text{data}}(e)} [D(e_i)] \\
& + \lambda \underset{\hat{x}_2 \sim P_{\hat{x}_2}}{E} [(\parallel \nabla_{\hat{x}_2} D(\hat{x}_2) \parallel_2 - 1)^2]
\end{aligned}
$$

$$(4\text{-}14)$$

其中，$E_{s_i \sim P_{\text{data}}(s)} [D(s_i)]$ 项是判别器 D 判别真实图像 s_i 为真的期望值，$E_{b_i \sim P_{\text{data}}(b)} [D(G(b_i))]$ 项是判别器 D 判别生成图像 $G(b_i)$ 为假的期望值，$E_{e_i \sim P_{\text{data}}(e)} [D(e_i)]$ 项是判别器 D 判别真实图像 e_i 为假的期望值。$\lambda \underset{\hat{x}_1 \sim P_{\hat{x}_1}}{E} [(\parallel \nabla_{\hat{x}_1} D(\hat{x}_1) \parallel_2 - 1)^2]$ 表示梯度惩罚项，λ 为系数项，$\parallel \nabla_{\hat{x}_1} D(\hat{x}_1) \parallel_2$

表示在真实图像 s_i 和生成数据 $G(b_i)$ 之间随机取值的连线上进行均匀采样得到的样本分布；$\| \nabla_{\hat{x}_2} D(\hat{x}_2) \|_2$ 表示在真实图像 s_i 和边缘弱化图像 e_i 之间随机取值的连线上进行均匀采样得到的样本分布。

4.2.4 实验过程与结果分析

4.2.4.1 数据准备及参数设置

数据准备：GOPRO 数据集中图像模糊的过程是模拟真实的相机成像过程，这与以往的通过假设特定模糊核以合成得到模糊图像的方法有着本质上的区别，因而 GOPRO 数据集被广泛用于图像去模糊方法的评价。GOPRO 数据集包括 3214 对对齐的清晰和模糊的图像，并将其分为互不重叠的训练集（2103对图像）和测试集（1111 对图像）。将 GOPRO 训练集作为输入，并采用如图 4-19 和图 4-21 所示的网络结构对 PNet 进行训练直到网络收敛。将 GOPRO 训练集再次输入到训练收敛的 PNet 子网的生成器中，即可得到边缘弱化图像 e_i $\in P_{\text{data}}(e)$；其次，将 GOPRO 训练集和边缘弱化图像 $e_i \in P_{\text{data}}(e)$ 作为输入，并采用如图 4-19 和图 4-21 所示的网络结构对 DNet 进行训练直到网络收敛。最终，训练收敛的 DNet 生成器就是图像去模糊模型。

本章采用 GOPRO 数据集的训练集优化训练提出的网络模型，采用 Köhler 数据集和 Lai 数据集测试本章网络模型的图像去模糊性能。关于数据集 GOPRO、Köhler 和 Lai 的具体内容，详见 1.2.4.1 节、1.2.4.2 节和 1.2.4.3 节。

参数设置：本章提出的网络模型在实验环境为 Ubuntu14.04 操作系统中，在以 Python 编程语言为接口的 Pytorch 深度学习框架上搭建。本书提出的网络模型在配置为包含 1 块 Intel(R) Core(TM) i7 CPU (16GB RAM) 3.60 GHz 的 CPU 和 1 块 NVIDIA GeForce GTX 1080Ti GPU 的台式电脑上运行。其中 batch size（批量训练图像的个数）是 1，生成网络和判别网络的学习率均为 0.000 1，训练的总迭代次数为 150。网络使用的优化器是 Adam，其动量和权重衰减参数分别是 $\beta_1 = 0.5$ 和 $\beta_2 = 0.999$。

本章对 GOPRO 测试集中的模糊图像进行了去模糊处理，对恢复结果采用了定性评价和定量评价。其中，定量评价包括 PSNR 和 SSIM 计算指标。

4.2.4.2 合成模糊图像数据集上的比较实验

本书提出的方法与 Gong，Nah，Kupyn 等的方法在 GOPRO 和 Köhler 数

据集上进行了比较,并利用定量评估指标 PSNR 和 SSIM 进行评价。表 4-3 列出了所提方法和上述对比方法在 GOPRO 数据集和 Köhler 数据集上测试得到的 PSNR 和 SSIM 的平均值,所提方法在 PSNR 与 SSIM 上均获得了较大的提升。

表 4-3   所提方法和对比方法在 GOPRO 测试集上的定量评价结果

图像去模糊方法	GOPRO	GOPRO	Köhler	Köhler
	$PSNR$(dB)	$SSIM$	$PSNR$(dB)	$SSIM$
Gong	27.277 8	0.818 7	21.237 1	0.649 0
Nah	28.322 5	0.858 8	21.233 5	0.652 5
Kupyn	25.236 3	0.777 3	20.850 7	0.634 0
Kupyn	27.808 6	0.856 4	19.084 3	0.583 8
所提方法	29.227 8	0.877 9	21.298 7	0.654 4

图 4-23 和图 4-24 分别给出了几个在 GOPRO 测试数据集和 Köhler 数据集上的去模糊结果。由图 4-23(f)可知,本书提出的模型能够解决由相机运动和物体运动引起的模糊问题。由于 Gong 等的方法试图采用 CNN 来估计模糊核,而模糊核估计带来的偏差会对图像的非盲解卷积产生影响,从而导致了如图 4-24(b)所示的去模糊图像的生成。即使 Nah 等提出了一个 120 层的基于 CNN 的多尺度图像去模糊方法,但是如图 4-24(c)所示,此方法仍然无法应对

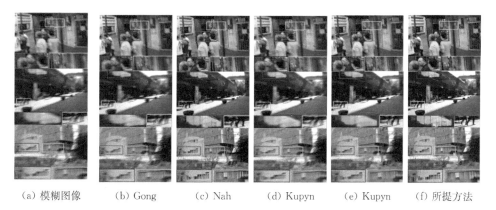

(a) 模糊图像   (b) Gong   (c) Nah   (d) Kupyn   (e) Kupyn   (f) 所提方法

图 4-23   对比方法和所提方法在合成数据集上的图像去模糊效果示例 1

极度模糊的情况。Kupyn 等构建了一个基于残差块的生成对抗网络,并采用语义目标损失函数对网络进行优化训练。然而,仅仅对图像的语义信息进行约束是不能很好地恢复图像的边缘信息。作为它的进阶版,DeblurGAN-v2 具有一定的去模糊性能,但由图 4-24(e)可知,图像中具有显著结构的区域仍然存在模糊。本书提出的基于边缘判别机制的生成对抗网络方法具有良好的去模糊性能和视觉效果。

(a) 模糊图像　　(b) Gong　　(c) Nah　　(d) Kupyn　　(e) Kupyn　　(f) 所提方法

图 4-24　对比方法和所提方法在合成数据集上的图像去模糊效果示例 2

4.2.4.3　真实模糊图像数据集上的比较实验

为进一步验证本书方法的有效性,将本书提出的方法与 Gong,Nah,Kupyn 等方法在 Lai 等提出的真实数据集上进行了比较。图 4-25 给出了各方法在真实数据集上的去模糊结果。与在合成模糊图像上处理得到的结果一致,如图 4-25(b)所示,Gong 方法并不能产生良好的图像去模糊性能,尽管 Gong 等提出了两阶段(估计模糊核与非盲去卷积)的图像去模糊方法。如图 4-25(e)所示,Kupyn 的结果在视觉效果上有所改善,但在图像的结构区域上仍存在模糊。与 Gong,Nah,Kupyn 等方法相比,Nah 恢复的图像具有显著的边缘,然而在人脸图像的恢复中存在结构变形的现象。如图 4-25(f)所示,由于本书引入了边缘判别机制,网络在训练的过程中更加关注图像边缘的学习,因而恢复后的图像具有清晰显著的边缘。

| (a) 模糊图像 | (b) Gong | (c) Nah | (d) Kupyn | (e) Kupyn | (f) 所提方法 |

图 4-25　对比方法和所提方法在合成数据集上的图像去模糊效果示例

4.2.5　PNet 子网的消融对比实验

为进一步验证本书提出的网络结构的有效性,增加了网络结构的消融实验,包括以下两个实验:本章提出的方法不包含 PNet(w/o PNet);所提方法(包含 PNet)。

本书采用相同的实验配置和参数设置完成上述两个实验,并进一步在 GORPO 的数据集上进行定量评价。表 4-4 和图 4-26 分别给出了定量评价结果和视觉效果显示。由此,可以推断出如下结论:当移除 PNet 子网时,去模糊图像的定量指标以及视觉效果图的质量均有所下降。与之相比,所提方法得到的去模糊图像具有显著的边缘特征和良好的视觉效果,这证明了所提图像边缘判别机制的必要性和有效性。

表 4-4　不同子网在 GOPRO 测试集上的定量评价结果

网络模块	GOPRO	GOPRO
	$PSNR(dB)$	$SSIM$
w/o PNet	28.885 6	0.868 7
所提方法	29.227 8	0.877 9

（a）　　　（b）　　　（c）　　　（d）　　　（e）　　　（f）

图 4-26　网络各模块消融实验结果示例

注：从左至右：(a)模糊输入，(b)-(e)分别为 w/o perceptual，w/o gradient，w/o adv，w/o PNet 的可视化结果，(f)为所提方法的结果，得到的去模糊图像具有清晰的细节和显著的结构

4.2.6　目标损失函数的消融对比实验

为进一步验证本章提出的目标损失函数的有效性，增加了目标损失函数的消融实验，包括以下四个实验：(1)本章提出的方法且不包含图像语义内容的目标损失函数 $L_{perceptual}$（w/o perceptual）；(2)本章提出的方法且不包含图像边缘重建的目标损失函数 $L_{gradient}$（w/o gradient）；(3)本章提出的方法且不包含图像边缘判别的目标损失函数 L_{adv}（w/o adv）；(4)所提方法。

本书采用相同的实验配置和参数设置完成上述四个实验，并进一步在 GORPO 的数据集上进行定量评价。表 4-5 和图 4-26 分别给出了定量评价结果和视觉效果显示。由此，可以推断出如下结论：(1)当移除 $L_{perceptual}$ 时，图像的定量指标急剧下降，这说明 $L_{perceptual}$ 能显著影响图像去模糊性能。(2)当移除 $L_{gradient}$ 时，定量指标也极度锐减。如图 4-26(c)所示，去模糊后得到的图像无法恢复显著的边缘信息。实验表明，本书提出的 $L_{gradient}$ 能够有效地恢复图像的边缘信息。(3)当移除 L_{adv} 时，定量指标和图像去模糊视觉效果图的质量均有所下降。综上所述，定量和定性评价证明了本书提出的目标损失函数的有效性和重要意义。

表 4-5　不同的损失函数在 GOPRO 测试集上的定量评价结果

	GOPRO	GOPRO
	PSNR(dB)	*SSIM*
w/o perceptual	26.577 8	0.803 4
w/o gradient	28.426 0	0.841 8
w/o adv	28.586 3	0.851 3
所提方法	29.227 8	0.877 9

4.2.7　小结

本章针对当前图像去模糊算法在图像边缘细节恢复的不足以及鲁棒性不高的问题,提出了边缘判别机制的图像去模糊方法。该算法充分利用了图像边缘先验,不仅在图像的生成阶段引入边缘重建约束,而且在图像判别阶段也加入了边缘判别学习的约束。与近几年的图像去模糊算法相比,该算法能更好地恢复图像的边缘等细节信息,为图像去模糊算法在边缘恢复方面提供了新的思路。实验结果的定性评价和定量评价都表明所提算法能有效地恢复图像的边缘细节。

4.3　基于图像结构先验的图像去模糊

基于深度学习的方法在一定程度上避免了手动特征提取方法的局限性。然而,由于缺乏图像先验的引导,网络优化容易收敛到次优解。根据人类视觉系统的机制,人眼对图像结构最敏感。图像的视觉质量与边缘信息高度相关。换句话说,一幅图像清晰与否,在于此图像是否包含清晰、显著的结构信息,可使人类的眼睛最直观地观察到。在传统图像去模糊方法中,显著的图像结构经常作为重要的先验信息正则图像恢复过程。近年来,研究人员结合深度学习和传统图像先验知识各自的优势,设计了一种边缘对抗机制来处理动态场景去模糊。然而,该方法却没有涉及对图像结构信息的自适应学习。本章在网络拓扑设计上,提出了一个用于学习图像结构信息的梯度子网 GradientNet,从而实现了图像结构信息的自适应学习。

4.3.1　网络结构

不同于只依赖感受野的图像去模糊方法,受到非局部特征学习的启发,引入一种基于注意力机制的图像去模糊网络模型,从新的角度探索模糊图像质量退化的问题。基于注意力机制的学习模式,除依赖感受野捕捉的局部特征外,直接建模特征通道以及搭建网络多个尺度之间的相互依赖关系,以实现丰富的非局部特征的提取。这些非局部特征能够捕捉图像的上下文信息,显著地提升图像去模糊方法的性能。本章专门为动态场景去模糊任务定制了一个深度学习框架。网络模型的整体结构如图 4-27 所示。下面分别介绍本章网络的训练过程以及目标损失函数。

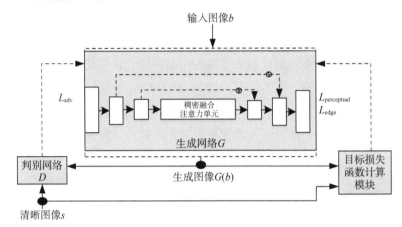

图 4-27　本章网络的整体框架

注:包括目标损失函数和网络训练过程。实线代表前向传播,而虚线代表反向传播

网络的训练过程包含生成网络和判别网络的训练。生成网络训练的过程如下:模糊图像 b 输入到 G 中,生成网络通过目标损失函数不断优化,最终收敛得到生成图像 $G(b)$ 。判别网络训练的过程如下:将生成图像 $G(b)$ 、清晰图像 s 输入到判别网络中,判别网络为生成图像和清晰图像分配正确的标签,并将此判断结果以反向传播的形式反馈给生成网络 G,更新网络参数、促进网络训练,进一步驱使生成网络正确地将图像从模糊域转换到清晰域,生成网络和判别网络之间竞争学习直到整个网络收敛。

模型通过以下目标损失函数对生成网络 G 增加约束:(1)感知损失函数 $L_{perceptual}$,其通过限定清晰图像 s 和生成图像 $G(b)$ 在高维特征空间的一致性,使得去模糊图像获得更自然的视觉效果;(2)结构损失函数 $L_{gradient}$,其通过限定清晰图像 s 与生成图像 $G(b)$ 在结构方面的一致性,提高网络对图像结构信息的学习能力,使去模糊图像具有显著的结构特征。目标损失函数 L_{adv} 将判别的结果反馈给生成网络,驱使生成网络生成边缘显著、内容清晰的去模糊图像。

4.3.1.1　生成网络结构

本章采用前述章节中的 U-Net 网络架构,以端对端的方式直接学习模糊图像和去模糊图像之间的非线性映射,如图 4-28 所示。这种基本的网络结构能够获得用于图像去模糊的特征。然而,网络的结构没有得到进一步的开发,图像去模糊的性能也受到了限制。本章充分利用图像结构先验信息和深度学习海量数据特征学习的优势,在生成网络中建立了一个 GradientNet 子网,自适应地学习图像的显著结构,提升网络的去模糊性能。

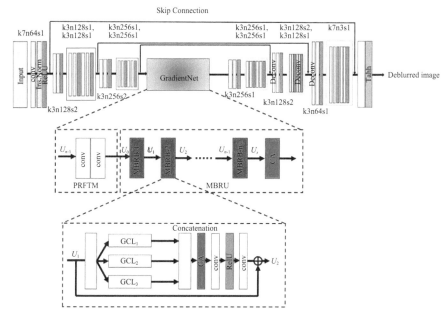

图 4-28　生成网络结构

图中,conv 表示卷积操作,Ins. Norm 表示实例归一化,ReLU 表示整流线性单元激活函数,GradientNet 表示 GradientNet 子网,PRFTM(Prepositional Feature Transition Module)表示前置特征过渡模块,MBRBs(Multi-Branch Reuse Blocks)表示多分支复用模块,MBRU(Multi-Branch Reuse Unit)表示多分支复用单元,CA(Channel Attention)表示通道注意力模块,RGCL(Recurrent Gradient Convolutional Layer)表示循环梯度卷积层,Concatenation 表示特征通道的叠加操作,Deconv 表示反卷积层,Tanh 表示激活函数,Skip Connection 表示跳变连接,k 表示卷积核,n 表示特征映射数,s 表示步长。

图 4-28 中,在编码器阶段,对模糊退化图像进行空间压缩和编码。相应地,在解码器阶段,对编码的特征进行解码。模糊图像输入到生成网络后,经过特征提取和网络优化训练,最终得到去模糊图像。生成网络主要由 5 个模块组成。第 1 个模块是平卷积层,由"conv-Ins. Norm-ReLU"表示,图 4-28 中卷积

层的参数标识为"模糊核的尺寸×输出特征的通道数×步长",其作用是将 3 通道的模糊退化图像映射到 64×64 的特征空间。第 2 个模块是下采样卷积模块,包括 1 个下采样卷积层和 3 个以级联方式连接的残差模块,其作用是提取图像局部特征用于特征编码。第 3 个模块是本章的核心,即 GradientNet 子网,以多分支复用的方式自适应地学习图像的结构信息,促进去模糊图像包含清晰、显著的结构特征。第 4 个模块是上采样卷积模块,包括 1 个上采样卷积层和 3 个以级联方式连接的残差模块,其目的是解码之前的编码特征。第 5 个模块由 1 个平卷积层和 1 个 Tanh 激活函数构成,用于输出 3 通道的去模糊图像。生成网络中不同尺度之间的跳变连接能促进同尺度图像特征的恢复、特征的反向传播,从而减轻梯度消失的影响。

下面具体介绍下 GradientNet 子网的网络结构。

如图 4-28 所示,GradientNet 由一个 PRFTM 模块和一个 RGCL 单元组成。下面,分别对 PRFTM 和 RGCL 进行详细介绍。

PRFTM。其将 3 通道的输入图像映射到一个具有更多潜在特征的空间。具体来说,PRFTM 由两个级联的卷积层组成,卷积核的尺寸为 3×3。PRFTM 模块的数学表达式如公式(4-15)和公式(4-16)所示:

$$U_{-1} = f_{FE1}(U_{n-1}) \tag{4-15}$$

$$U_0 = f_{FE2}(U_{-1}) \tag{4-16}$$

其中,f_{FE1} 和 f_{FE2} 分别表示 PRFTM 模块中的第一和第二卷积层,U_{n-1} 表示输入到 PRFTM 模块的特征,U_{-1} 表示经过卷积层 f_{FE1} 输出的特征,U_0 表示经过卷积层 f_{FE2} 输出的特征。

RGCL。依靠堆叠卷积层可以提升网络的性能,但会产生计算效率下降的问题。3×3 的卷积核是能够获取图像上下文信息的最小卷积核。这种缩小卷积核的方式,减少了网络的参数,提高了计算速度,更重要的是通过增加非线性映射提升了网络架构的性能。进一步延续采用小卷积核提取特征表示的设计思想,Szegedy 等提出了非对称卷积的概念,进一步探索如何在不显著提升网络参数量的前提下,增强网络的表达能力。将 3×3 的卷积层分解为 1×3 的卷积层和 3×1 的卷积层。对于 3×3 的卷积层,其参数数量为 $3 \times 3 = 9$;对于两个卷积核分别为 3×1 和 1×3 的卷积层,参数数量为 $3 \times 1 + 1 \times 3 = 6$。这种非对称的卷积层直接降低了 33％的计算复杂度。

　　固定方向的梯度信息对于检测结构信息至关重要。传统的边缘检测器,如
Sobel,设计了用于探索水平和垂直方向的梯度图的滤波器。Canny 通过引入
高斯滤波器和双阈值获得了更精确的边缘图。这些传统的方法采用固定参数,
只能检测具有图像强度的边缘。与传统的边缘检测器不同,本章受 Inception-
v3 启发,引入了一种递归梯度卷积层来定位和表示图像的梯度特征,如图 4-29
所示。

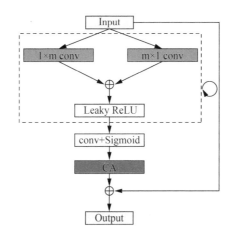

图 4-29　RGCL 的网络结构

　　具体来说,输入特征分别流入两个非对称的卷积核为 1×3、3×1 的卷积
层,其目的是并行地计算图像水平方向和垂直方向的梯度信息。这两路包含的
不同方向梯度的图像特征,通过求和的方式得到了进一步的增强和重叠;这些
特征经过激活函数 Leaky ReLU 之后,作为一个整体循环 3 次,使得网络能够
尽可能多的学习和保存图像的梯度特征。这些特征经过一个卷积层"conv＋
Sigmoid"的过渡及缓冲之后,流入到 CA 模块,其目的是突出包含了图像水平
和垂直方向的梯度特征的通道信息,抑制不相关特征的通道信息;最后,将其与
输入特征之间建立残差连接,优化网络训练。其数学表达式如公式(4-17)
所示:

$$U_{\mathrm{RGCL}} = L(\mathrm{Summation}(k_{1 \times n} \bigotimes U_0 + k_{n \times 1} \bigotimes U_0)) \tag{4-17}$$

　　其中,k 表示卷积核,n 表示卷积核的尺寸,U_0 表示由 PRFTM 模块处理

后的特征。

　　RGCL 是一种并行计算图像特征的卷积层。其设计思想基于以下几点：
(1)降低网络参数和算法复杂度；(2)能够专门处理某一维度(垂直或水平)结构
的信息。另外，RGCL 具有以下优点：(1)并行地计算垂直和水平梯度信息，能
够突出和增强梯度信息。平卷积层更倾向于关注图像主梯度方向的特征，而
RGCL 能够关注多个梯度方向。(2)平卷积层(Plain convolutional layers)对称
的卷积核需要较大的计算复杂度和参数。相比之下，RGCL 将两个非对称的卷
积核并行构建，用于学习图像的梯度特征。(3)采用的循环机制能够对学习获
得的显著图像结构持续增强。(4)与传统图像边缘检测器相比，RGCL 能够自
适应地学习图像的结构信息。

　　图 4-30 给出了使用 Sobel 边缘检测算子和本章提出的 RGCL 模块处理得
到的梯度图示例，其中图 4-30 (a)是被测图像，图 4-30 (b)是 Sobel 边缘检测
算子处理得到的梯度图，图 4-30 (c)和图 4-30 (d)是 Sobel 边缘检测算子处理
得到的图像水平方向和垂直方向的梯度图，图 4-30(e)是本章提出的 RGCL 模
块处理得到的梯度图。通过 Sobel 边缘检测算子处理得到的梯度图较为粗略，
与 Sobel 边缘检测算子相比，RGCL 在被测图像的水平方向和垂直方向均可保
留具有显著和清晰的结构信息。

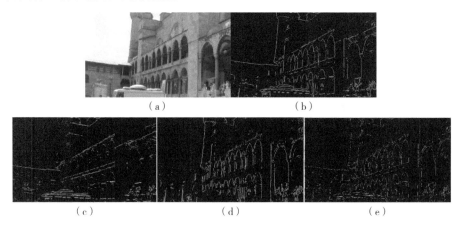

图 4-30　RGCL 和 Sobel 处理得到的梯度图

　　MBRBs。由模糊造成的图像大部分高频信息的丢失，对生成内容清晰的
去模糊图像造成了困难。为了生成结构显著、内容清晰的去模糊图像，本章方
法在 RGCL 卷积层的基础上设计了一个多分支复用模块 MBRBs，用于增强特

征传播,鼓励特征复用。下面对 MBRBs 模块进行详细介绍。

为了解决图像去模糊任务,需要将网络中学习到的特征紧密相关。因此,我们采用多路径复用方式增强 RGCL 获得的梯度特征。原因如下:(1) 采用多尺度结构的方法,遵循"由粗略到精细"的图像去模糊策略,逐渐生成去模糊图像。不同于图像去模糊方法,我们以多路径复用的方式同时捕获图像梯度特征;(2) 对于模糊图像,多个尺度下的图像都有不同程度的模糊。当图像特征处于不同尺度时融合在一起,容易产生模糊的结果;(3) 实验梯度特征增强。MBRBs 的具体网络架构如图 4-28 所示。每个 MBRB 包含下步骤:首先,以多路径复用模式排列三个 RGCL;其次,这些复用的特征通过连接操作进行融合;第三,CA 模块还用于重新校准必要的通道特征;第四,两个卷积层和 ReLU 激活函数用于获得处理后的特征;最后,在输入和输出之间建立残差连接。MBRBs 的数学表达式如公式(4-17)所示:

$$f_{n'} = \mathrm{Con}((\mathrm{RGCL}_1(U_0)) + (\mathrm{RGCL}_2(U_0)) + (\mathrm{RGCL}_3(U_0))),$$
$$f_n = f_{FE4}(\mathrm{RELU}(f_{FE3}(\mathrm{CA}(f_n)))) + U_0 \tag{4-18}$$

其中 RGCL 表示循环梯度卷积层,Con 表示卷积操作,f_{FE3} 和 f_{FE4} 分别表示 MBR 模块中的两个卷积层,$f_{n'}$ 表示 RGCL 处理之后得到的特征,f_n 表示处理后得到的特征。

4.3.1.2 判别网络结构

本节采用 PatchGAN 作为判别网络模型,详见 4.1.4 节。

4.3.2 目标损失函数

本章网络训练过程中使用的目标损失函数包括:对抗目标损失函数 $L_{adv}(G,D)$、感知目标损失函数 $L_{perceptual}$ 和结构目标损失函数 $L_{gradient}$。网络整体目标损失函数如式(4-18)所示:

$$L(G,D) = \alpha L_{adv}(G,D) + \beta L_{perceptual} + \lambda L_{edge} \tag{4-18}$$

根据 Kupyn 等的研究,本章将各约束项的权重系数约束如下:$\alpha = 1$,$\beta = 10$,$\lambda = 12$。下面具体介绍各目标损失函数。

1. 对抗目标损失函数 $L_{adv}(G,D)$

本章采用的对抗目标损失函数 $L_{adv}(G,D)$ 同 3.2.2 节。

2. 感知目标损失函数 $L_{perceptual}$

本章采用的感知目标损失函数 $L_{\text{perceptual}}$ 同 3.3.2 节。

3. 结构目标损失函数 L_{edge}

本章采用的结构目标损失函数 L_{edge} 同 3.3.2 节。

4.3.3 实验过程及结果分析

实验采用 GOPRO 数据集为例进行。下面,首先介绍网络优化训练使用的图像数据集的处理方法和参数设置。为验证本章方法的有效性,在不同的真实模糊图像与合成模糊图像上进行主观对比实验和客观对比实验。与一些典型的图像去模糊方法进行对比分析,这些典型图像去模糊方法包括 Gong 等、Nah 等、Qi 等、Kupyn 等和 Mustaniemi 等。上述方法的源代码由作者提供,实验中根据原始的配置参数在测试数据集上重现这些方法。此外,还进一步对生成网络的模型和目标损失函数开展了消融实验。

4.3.3.1 数据准备及参数设置

数据集的处理:本章采用 GOPRO 数据集的训练集优化训练提出的网络模型,采用 Köhler 数据集和 Lai 数据集测试本章网络模型的图像去模糊性能。关于数据集 GOPRO、Köhler 和 Lai 的具体内容,详见 1.2.4.1 节、1.2.4.2 节和 1.2.4.3 节。网络训练过程中,将 GOPRO 训练集中分辨率是 $1\,280 \times 720$ 的模糊图像和标签图像随机裁剪为分辨率为 256×256 的图像块,这种方式可以起到数据增强、防止网络过拟合的作用。

实验软硬件配置是:操作系统为 Unbuntu14.04,深度学习框架为 Pytorch,硬件配置为 NVIDIA 1080Ti GPU、Intel（R）Core（TM）i7 CPU（16GBRAM）。采用 Adam 优化器作为网络的优化器并设置 $\beta_1 = 0.5$,$\beta_2 = 0.999$。生成网络和判别网络的学习率均设置为 $0.000\,1$,batch size 为 4,Leaky ReLU 激活函数的斜率是 0.2。训练过程中每更新 1 次生成网络,判别网络更新 5 次。整个网络训练 150 回收敛。当网络训练收敛时,模糊图像输入到生成网络后,即可得到去模糊图像。此外,消融实验的参数设置同上。

4.3.3.2 合成模糊图像的比较实验

本部分利用合成模糊图像 GOPRO 测试集和 Köhler 数据集进行测试,分别进行了主观对比实验、客观对比实验。

1. 主观对比实验

图 4-31、4-32、4-33 和 4-34 分别给出所提方法和对比方法在合成模糊图像上处理结果的四组示例。

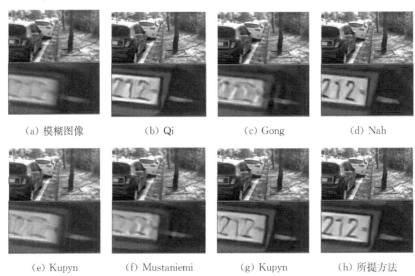

(a) 模糊图像　　　　(b) Qi　　　　(c) Gong　　　　(d) Nah

(e) Kupyn　　　(f) Mustaniemi　　　(g) Kupyn　　　(h) 所提方法

图 4-31　对比方法和所提方法在合成数据集上的图像去模糊效果示例 1

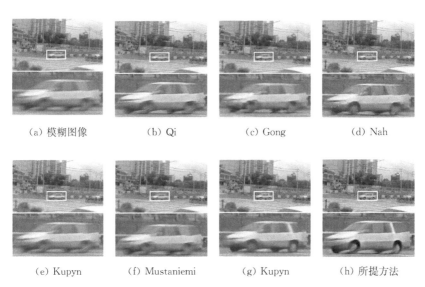

(a) 模糊图像　　　　(b) Qi　　　　(c) Gong　　　　(d) Nah

(e) Kupyn　　　(f) Mustaniemi　　　(g) Kupyn　　　(h) 所提方法

图 4-32　对比方法和所提方法在合成数据集上的图像去模糊效果示例 2

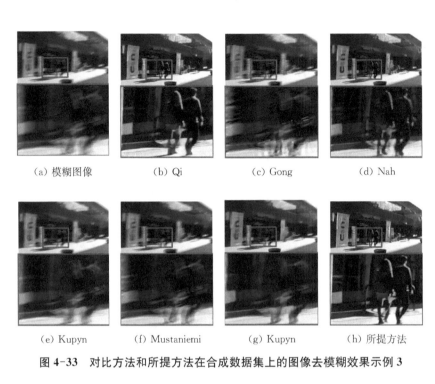

（a）模糊图像　　　（b）Qi　　　（c）Gong　　　（d）Nah

（e）Kupyn　　　（f）Mustaniemi　　　（g）Kupyn　　　（h）所提方法

图 4-33　对比方法和所提方法在合成数据集上的图像去模糊效果示例 3

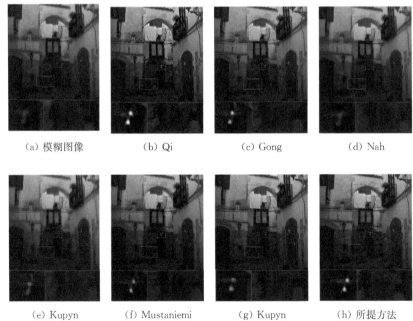

（a）模糊图像　　　（b）Qi　　　（c）Gong　　　（d）Nah

（e）Kupyn　　　（f）Mustaniemi　　　（g）Kupyn　　　（h）所提方法

图 4-34　对比方法和所提方法在合成数据集上的图像去模糊效果示例 4

如图 4-31、4-32、4-33 和 4-34 所示,其中(b)(c)(d)(e)(f)(g)分别是方法 Qi 等、Gong 等、Nah 等、Kupyn 等、Mustaniemi 等和 Kupyn 等处理得到的去模糊图像,其中的语义内容不清晰,模糊的痕迹依然存在。方法 Nah 等的结果与所提方法处理得到的结果最为接近,但是方法 Nah 等得到的结果在图像的结构和细节等方面与清晰图像相比仍然存在着一定的差距。例如,图 4-31(d)中的车牌号码、图 4-32(d)中车辆的轮廓、图 4-33(d)中行人的轨迹、图 4-34(d)中的灯泡等。如图 4-31(h)、4-32(h)、4-33(h)与 4-34(h)所示,本章提出基于图像结构先验的图像去模糊方法,处理得到的图像中具有显著的边缘和清晰的内容。

2. 客观对比实验

本章实验采用客观图像质量评价指标 PSNR 和 SSIM,对本章方法与典型的图像去模糊方法 Gong 等、Nah 等、Qi 等、Kupyn 等和 Mustaniemi 等,在 GOPRO 测试集和 Köhler 数据集上进行客观评价。表 4-6 给出了上述算法在合成模糊图像测试集上的平均量化结果。

表 4-6　典型的图像去模糊方法与所提方法在 GOPRO 和 Köhler 数据集上的平均量化结果

图像去模糊方法	GOPRO	GOPRO	Köhler	Köhler
	$PSNR$(dB)	$SSIM$	$PSNR$(dB)	$SSIM$
Qi	28.901 9	0.869 4	21.352 1	0.652 1
Gong	27.277 8	0.818 7	21.337 1	0.659 0
Nah	28.322 5	0.858 8	20.850 7	0.634 0
Kupyn	25.236 3	0.777 3	19.084 3	0.583 8
Mustaniemi	25.956 3	0.828 5	20.483 3	0.644 2
Kupyn	27.808 6	0.866 4	21.298 7	0.654 4
所提方法	29.225 2	0.871 4	21.372 8	0.660 2

表 4-6 中,与典型对比方法相比,所提网络模型在两种量化指标和两个数据集上都取得了最好的结果。就 PSNR 指标而言,本章方法比图像去模糊性能排序第二的方法 Kupyn 等高出 0.3db;就 SSIM 指标而言,本章方法也达到了最高的定量结果。此外,定量评价结果与主观对比实验的视觉效果一致。主观实验与客观实验都证明了基于图像结构先验图像的去模糊方法的有效性,以及此方法在图像数据集上的良好表现。

4.3.3.3　真实模糊图像的比较实验

虽然本章方法已经在合成模糊数据集上进行主观和客观对比实验,但是真实的模糊图像通常包含相机移动、物体运动、景深变化等多种复杂原因。为进一步验证本章网络方法的有效性和泛化性，本节在真实视频帧上对所提方法和典型方法进行了测试。图 4-35、4-36 和 4-37 给出所提方法和典型的图像去模糊方法在真实模糊图像上处理结果的三组示例。

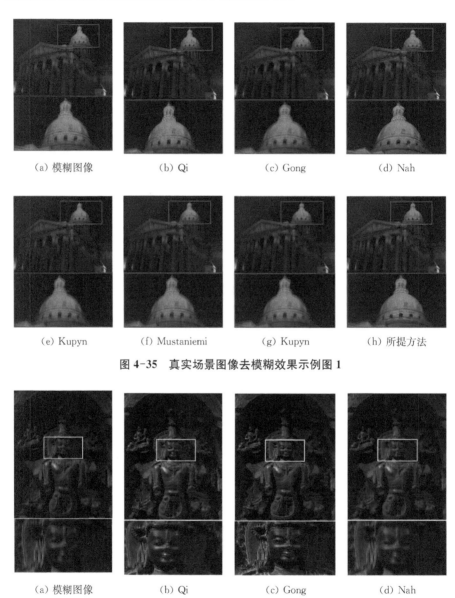

　　（a）模糊图像　　　　（b）Qi　　　　　（c）Gong　　　　　（d）Nah

　　（e）Kupyn　　　（f）Mustaniemi　　　（g）Kupyn　　　（h）所提方法

图 4-35　真实场景图像去模糊效果示例图 1

　　（a）模糊图像　　　　（b）Qi　　　　　（c）Gong　　　　　（d）Nah

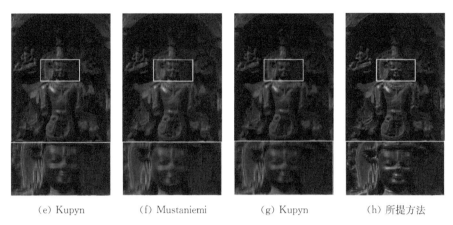

(e) Kupyn　　　(f) Mustaniemi　　　(g) Kupyn　　　(h) 所提方法

图 4-36　真实场景图像去模糊效果示例图 2

(a) 模糊图像　　　(b) Qi　　　(c) Gong　　　(d) Nah

(e) Kupyn　　　(f) Mustaniemi　　　(g) Kupyn　　　(h) 所提方法

图 4-37　真实场景图像去模糊效果示例图 3

　　图 4-35、4-36 和 4-37 中的输入模糊图像都是在低光照成像环境下,由运动造成的模糊示例。依据传统图像去模糊方法建模的模糊退化过程,难以模拟

这种低光照成像环境下产生的模糊现象。因此对比方法处理得到的去模糊图像几乎与输入模糊图像一致。基于深度学习的海量数据学习和特征提取的优势,提出的基于图像结构先验的图像去模糊方法,能够恢复图像中的文本信息。

4.3.4 生成网络模块消融对比实验

为证明所提方法生成网络中的各模块与图像去模糊性能的正相关关系,开展了消融实验,具体包括:(1)不包含 GradientNet 的网络 w/o GN;(2)不包含 RGCL 的网络 w/o RGCL;(3)不包含 MBRB 的网络 w/o MBRBs;(4)所提方法。

上述消融实验采用与所提方法一致的参数设置和训练方法,并在 GOPRO 数据集上对这些网络进行客观评价。图 4-38 是网络各模块进行消融实验得到的视觉效果的示例图。

  (a) 模糊图像　　　 (b) w/o GN　　　 (c) w/o RGCL　　 (d) w/o MBRBs　　 (e) 所提方法

图 4-38　所提方法生成网络各模块的消融实验结果示例

图 4-38(a)是模糊图像。如图 4-38(b)所示,移除 GradientNet 子网后,网络的去模糊性能直线下降,很难从恢复的图像中观察到车牌信息。如图 4-38 (c)和(d)所示,移除 RGCL 和 MBRBs 模块的网络产生的去模糊图像中的数字依然包含运动模糊的轨迹,这证明了 RGCL 和 MBRBs 模块对于移除图像中模糊的作用。如图 4-38(e)所示,所提网络具有良好的图像去模糊性能,能从极端模糊的输入图像中,恢复内容清晰的去模糊图像,图像中的车牌信息清晰可辨。通过对 PSNR 和 SSIM 的客观评价结果以及视觉效果的观察发现,GradientNet 子网自适应学习得到的图像梯度信息与图像去模糊性能之间呈正相关关系。此外,通过 PSNR 和 SSIM 客观评价的方式对生成网络模块的消融实验得到的结果进行评价。表 4-7 给出了上述网络在 GOPRO 数据集上测试的平均结果。

表 4-7　所提方法生成网络模块的消融实验在 GOPRO 数据集上的客观评价结果

网络模块	GOPRO	
	PSNR(dB)	SSIM
w/o RGCL	29.042 9	0.869 1
w/o MBRBs	29.085 9	0.884 0
w/o GN	27.870 8	0.832 4
所提方法	29.225 2	0.871 4

表 4-7 给出了生成网络各模块通过消融实验得到的定量指标,所提网络模型在 PSNR 和 SSIM 两种量化指标下都取得了最好的结果。单独保留 MBRBs、GradientNet 或 PGCL 的其中一项,都无法获得具有显著结构和清晰细节的高质量去模糊图像。因此,对于网络模型生成符合人眼视觉感受的去模糊图像,本章所提的 GradientNet 至关重要。

4.3.5　目标损失函数消融对比实验

为证明所提方法中的目标损失函数与图像去模糊性能的正相关关系,开展了消融实验,具体包括:(1)不包含感知目标损失函数的网络 w/o perceptual;(2)不包含图像梯度目标损失函数的网络 w/o GL;(3)所提方法。

上述消融实验采用与所提方法一致的参数设置和训练方法,并在 GOPRO 数据集上对这些网络进行客观评价。图 4-39 是对目标损失函数进行消融实验得到的视觉效果的示例图。

　(a) 模糊图像　　　(b) w/o perceptual　　　(c) w/o GL　　　(d) 所提方法

图 4-39　所提网络目标损失函数的消融实验结果示例

图 4-39(a)是模糊图像,图 4-39 (b)是移除感知目标损失函数后,网络生

成的去模糊图像。虽然网络能够恢复行人的轮廓和车辆的边缘,但是图像背景中字母之间的间隙并不易区分,特别是第一行的前两个字母不容易被识别。图4-39（c）是移除图像梯度目标损失函数后的网络产生的去模糊图像。图4-39（b）和图4-39（c）的视觉效果类似,这证明了感知和图像梯度目标损失函数对于重建图像显著的结构信息的重要作用。图4-39（e）是所提网络生成的去模糊图像。图像背景中的字母能够清晰可辨,字母间的间隙都得到了较好地恢复。这证明了所提网络的目标损失函数具有良好的图像结构重建能力。此外,通过 PSNR 和 SSIM 客观评价的方式对目标损失函数的消融实验得到的结果进行评价,表4-8 给出了目标损失函数消融实验在 GOPRO 数据集上测试的平均结果。

表 4-8　所提方法目标损失函数的消融实验在 GOPRO 数据集上的客观评价结果

目标损失函数	GOPRO	
	$PSNR$(dB)	$SSIM$
w/o perceptual	26.375 1	0.792 1
w/o GL	28.701 1	0.861 7
所提方法	29.225 2	0.871 4

表4-8 给出了目标损失函数通过消融实验得到的定量指标,所提网络模型在 PSNR 和 SSIM 两种量化指标下都取得了更好的结果。证明了感知目标损失函数和图像梯度目标损失函数对本章所提网络性能的积极影响。

4.3.6　小结

为了生成内容清晰、结构显著的去模糊图像,本章将图像梯度先验整合到网络架构和目标损失函数设计中。具体来说,本章提出一个 GradientNet 子网以探究图像梯度先验和动态场景去模糊问题之间的关系,其中 RGCL 和 MBRBs 模块以多路复用的方式实现图像梯度的自适应学习和特征的增强。本章方法在几个合成数据集和真实图像上开展了主观和客观的对比实验,用于验证 GradientNet 子网对于图像去模糊问题的有效性。然而,所提方法对于包含较少图像结构和丰富纹理的模糊图像具有较弱的泛化性。在未来的研究中,将考虑扩展和升级本章模型,用于克服存在的局限。

参考文献

[1] Guo Q, Feng W, Chen Z, et al. Effects of blur and deblurring to visual object tracking [J]. arXiv preprint arXiv:1908.07904, 2019.

[2] Honarvar Shakibaei Asli B, Zhao Y, Erkoyuncu J. Motion blur invariant for estimating motion parameters of medical ultrasound images[J]. Sicentific Reports, 2021, 11 (1):14312.

[3] Ojansivu V, Heikkilä J. Object recognition using frequency domain blur invariant features[C]//Scandinavian Conference on Image Analysis. 2007: 243-252.

[4] Zoran D, Weiss Y. From learning models of natural image patches to whole image restoration[C]. Proceedings of IEEE international conference on computer vision (ICCV), Barcelona, Spain: IEEE Computer Society, 2011:1-8.

[5] Kruse J, Rother C, Schmidt U. Learning to push the limits of efficient fft-based image deconvolution[C]. Proceedings of IEEE international conference on computer vision (ICCV), Venice, Italy: IEEE Computer Society, 2017:4596-4604.

[6] Kheradmand A, Milanfar P. A general framework for regularized, similarity-based image restoration [J]. IEEE Transactions on Image Processing, 2014, 23 (12): 5136-5151.

[7] Nan Y, Quan Y, Ji H. Variational-EM-based deep learning for noise-blind image deblurring[C]. Proceedings of IEEE Conference on Computer Vision and Pattern Recognition (CVPR), Online, IEEE Computer Society, 2020:3626-3635.

[8] Krishnan D, Fergus R. Fast image deconvolution using hyper-laplacian priors[J]. In Advances in Neural Information Processing Systems (NIPS), 2009:1033-1041.

[9] Xu L, Tao X, Jia J. Inverse kernels for fast spatial deconvolution[C]. Proceedings of European Conference on Computer Vision (ECCV), Sydney, Australia: Springer International Publishing, 2013:33-48.

[10] Xu L, Jia J. Two-phase kernel estimation for robust motion deblurring[C]. Proceed-

ings of European Conference on Computer Vision (ECCV), Crete, Greece: Springer International Publishing, 2010: 157-170.

[11] Michaeli T, Irani M. Blind deblurring using internal patch recurrence[C]. Proceedings of European Conference on Computer Vision (ECCV), Zurich, Switzerland: Springer International Publishing, 2014: 783-798.

[12] Cho H, Wang J, Lee S. Text image deblurring using text-specific properties[C]. Proceedings of European Conference on Computer Vision (ECCV), Florence, Italy: Springer International Publishing, 2012: 524-537.

[13] Bahat Y, Efrat N, Irani M. Non-uniform blind deblurring by reblurring[C]. Proceedings of IEEE International Conference on Computer Vision (ICCV). Venice, Italy. USA: IEEE Computer Society, 2017: 3286-3294.

[14] Harmeling S, Michael H, Schölkopf B. Space-variant single-image blind deconvolution for removing camera shake[C]. Proceedings of the Advances in Neural Information Processing Systems (NIPS), Vancouver CANADA: Neural Information Processing Systems, 2010: 829-837.

[15] Rim J, Lee H, Won J, et al. Real-world blur dataset for learning and benchmarking deblurring algorithms[C]. Proceedings of European Conference on Computer Vision (ECCV), Online: Springer International Publishing, 2020: 184-201.

[16] Hirsch M, Schuler C J, Harmeling S, et al. Fast removal of non-uniform camera shake [C]. Proceedings of IEEE International Conference Computer Vision (ICCV), Barcelona, Spain: IEEE Computer Society, 2011: 463-470.

[17] Whyte O, Sivic J, Zisserman A, et al. Non-uniform deblurring for shaken images[J]. International Journal of Computer Vision, 2012, 98 (2): 168-186.

[18] Chakrabarti A, Zickler T, Freeman W. Analyzing spatially-varying blur[C]. Proceedings of IEEE Conference on Computer Vision and Pattern Recognition (CVPR), San Francisco, CA: IEEE Computer Society, 2010:2512-2519.

[19] Gast J, Sellent A, Roth S. Parametric object motion from blur[C]. Proceedings of IEEE Conference on Computer Vision and Pattern Recognition (CVPR), Las Vegas, Nevada: IEEE Computer Society, 2016:1846-1854.

[20] Hyun Kim T, Ahn B, Mu Lee K. Dynamic scene deblurring[C]. Proceedings of IEEE international conference on computer vision (ICCV), Sydney, Australia: IEEE Computer Society, 2013:3160-3167.

[21] Nah S, Hyun Kim T, Mu Lee K. Deep multi-scale convolutional neural network for

dynamic scene deblurring[C]. Proceedings of IEEE Conference on Computer Vision and Pattern Recognition (CVPR), Honolulu, USA: IEEE Computer Society, 2017: 3883-3891.

[22] Tao X, Gao H, Shen X, et al. Scale-recurrent network for deep image deblurring[C]. Proceedings of IEEE Conference on Computer Vision and Pattern Recognition (CVPR), Salt Lake City, USA: IEEE Computer Society, 2018: 8174-8182.

[23] Gao H, Tao X, Shen X, et al. Dynamic scene deblurring with parameter selective sharing and nested skip connections[C]. Proceedings of IEEE Conference on Computer Vision and Pattern Recognition (CVPR), Long Beach, USA: IEEE Computer Society, 2019: 3848-3856.

[24] Zhang H, Dai Y, Li H, et al. Deep stacked hierarchical multi-patch network for image deblurring[C]. Proceedings of IEEE Conference on Computer Vision and Pattern Recognition (CVPR), Long Beach, USA: IEEE Computer Society, 2019: 5978-5986.

[25] QI Q, GUO J, Jin W. EGAN: Non-Uniform Image Deblurring based on Edge Adversarial Mechanism and Partial Weight Sharing Network [J]. Signal Processing: Image Communication, 2020,88:115952.

[26] QI Q GUO J, JIN W. Attention Network for Non-Uniform Deblurring [J]. IEEE Access, 2020,8:100044-100057.

[27] Zhang J, Pan J, Ren J, et al. Dynamic scene deblurring using spatially variant recurrent neural networks[C]. Proceedings of IEEE Conference on Computer Vision and Pattern Recognition (CVPR), Salt Lake City, USA: IEEE Computer Society, 2018: 2521-2529.

[28] Schuler C, Hirsch M, Harmeling S, et al. Learning to deblur[J]. IEEE Transactions on Pattern Analysis and Machine Intelligence (TPAMI), 2014: 1439-1451.

[29] Xu L, Ren J, Liu C, et al. Deep convolutional neural network for image deconvolution [C]. Proceedings of the Advances in Neural Information Processing Systems (NIPS), Montréal CANADA: Neural Information Processing Systems, 2014: 1790-1798.

[30] Chakrabarti A. A neural approach to blind motion deblurring[C]. Proceedings of European Conference on Computer Vision (ECCV), Amsterdam, Netherlands: Springer International Publishing, 2016: 221-235.

[31] Sun J, Cao W, Xu Z, et al. Learning a convolutional neural network for non-uniform motion blur removal[C]. Proceedings of IEEE Conference on Computer Vision and Pattern Recognition (CVPR), Boston, USA: IEEE Computer Society, 2015: 769-777.

[32] Gong D, Yang J, Liu L, et al. From motion blur to motion flow: a deep learning solution for removing heterogeneous motion blur[C]. Proceedings of IEEE Conference on Computer Vision and Pattern Recognition (CVPR), Honolulu, USA: IEEE Computer Society, 2017: 2319-2328.

[33] Li L, Pan J, Lai W S, et al. Learning a discriminative prior for blind image deblurring [C]. Proceedings of IEEE Conference on Computer Vision and Pattern Recognition (CVPR), Salt Lake City, USA: IEEE Computer Society, 2018: 6616-6625.

[34] Ren D, Zhang K, Wang Q, et al. Neural blind deconvolution using deep priors[C]. Proceedings of IEEE Conference on Computer Vision and Pattern Recognition (CVPR), Virtual: IEEE Computer Society, 2020: 3341-3350.

[35] Shen Z, Lai W S, Xu T, et al. Deep semantic face deblurring[C]. Proceedings of IEEE Conference on Computer Vision and Pattern Recognition (CVPR), Salt Lake City, USA: IEEE Computer Society, 2018: 8260-8269.

[36] Hradiš M, Kotera J, Zemcčík P, et al. Convolutional neural networks for direct text deblurring[C]. Proceedings of British Machine Vision Conference (BMVC), Swansea, UK, 2015, 10: 1-13.

[37] He K, Zhang X, Ren S, et al. Deep residual learning for image recognition[C]. Proceedings of IEEE Conference on Computer Vision and Pattern Recognition (CVPR), LAS VEGAS, USA: IEEE Computer Society, 2016: 770-778.

[38] Goodfellow I, Pouget J, Mirza M, et al. Generative adversarial nets[C]. Proceedings of Advances in Neural Information Processing Systems (NIPS), Montréal CANADA: Neural Information Processing Systems, 2014: 2672-2680.

[39] Kupyn O, Budzan V, Mykhailych M, et al. DeblurGAN: blind motion deblurring using conditional adversarial networks[C]. Proceedings of IEEE Conference on Computer Vision and Pattern Recognition (CVPR), Salt Lake City, USA: IEEE Computer Society, 2018: 8183-8192.

[40] Mirza M, Osindero S. Conditional generative adversarial nets[C]. arXiv preprint arXiv:1411.1784, 2014.

[41] Isola P, Zhu J, Zhou T, et al. Image-to-image translation with conditional adversarial networks[C]. Proceedings of IEEE Conference on Computer Vision and Pattern Recognition (CVPR), Honolulu, USA: IEEE Computer Society, 2017:1125-1134.

[42] Kupyn O, Martyniuk T, Wu J, et al. Deblurgan-v2: Deblurring (orders-of-magnitude) faster and better[C]. Proceedings of IEEE International Conference on Computer

Vision (ICCV)，Seoul，Korea：IEEE Computer Society，2019：8878-8887.

[43] Lin T，Dollar P，Girshick R，et al. Feature pyramid networks for object detection[C]. Proceedings of IEEE Conference on Computer Vision and Pattern Recognition (CVPR)，Honolulu，USA：IEEE Computer Society，2017：936-944.

[44] Zhu J，Park T，Isola P，et al. Unpaired image-to-image translation using cycle-consistent adversarial networks[C]. Proceedings of IEEE International Conference Computer Vision (ICCV)，Venice，Italy：IEEE Computer Society，2017：2223-2232.

[45] Madam Nimisha T，Sunil K，Rajagopalan A N. Unsupervised class-specific deblurring [C]. Proceedings of European Conference on Computer Vision (ECCV)，Munich，Germany：Springer International Publishing，2018：353-369.

[46] Salimans T，Goodfellow I，Zaremba W，et al. Improved techniques for training GANs [C]. Proceedings of Advances in Neural Information Processing Systems (NIPS)，Barcelona，Spain：Neural Information Processing Systems，2016：2234-2242.

[47] Gomez A N，Huang S，Zhang I，et al. Unsupervised cipher cracking using discrete GANs[J]. arXiv preprint arXiv：1801. 04883，2018.

[48] Li X，Liu M，Ye Y，et al. Learning warped guidance for blind face restoration [C]. Proceedings of European Conference on Computer Vision (ECCV)，Munich，Germany：Springer International Publishing，2018：272-289.

[49] Fergus R，Singh B，Hertzmann A，et al. Removing camera shake from a single photograph[J]. ACM Transactions on Graphics，2006，25 (3)：787-794.

[50] Xu L，Zheng S，Jia J. Unnatural l0 sparse representation for natural image deblurring [C]. Proceedings of IEEE conference on computer vision and pattern recognition (CVPR)，Portland，USA：IEEE Computer Society，2013：1107-1114.

[51] Pan J，Sun D，Pfister H，et al. Blind image deblurring using dark channel prior[C]. Proceedings of IEEE Conference on Computer Vision and Pattern Recognition (CVPR)，LAS VEGAS，USA：IEEE Computer Society，2016：1628-1636.

[52] Cho S，Lee S. Fast motion deblurring[J]. ACM Transactions on Graphics，2009，28 (5)：1-8.

[53] Li T H，Lii K S. A joint estimation approach for two-tone image deblurring by blind deconvolution[J]. IEEE Transactions on Image Processing (TIP)，2002，11(8)：847-858.

[54] Chen X，He X，Yang J，et al. An effective document image deblurring algorithm[C]. Proceedings of IEEE Conference on Computer Vision and Pattern Recognition

(CVPR)，Providence，RI，USA：IEEE Computer Society，2011：369-376.

[55] Kasar T，Kumar J，Ramakrishnan A G. Font and background color independent text binarization[C]. Second international workshop on camera-based document analysis and recognition：Workshop on Camera-Based Document Analysis and Recognition，2007：3-9.

[56] Epshtein B，Ofek E，Wexler Y. Detecting text in natural scenes with stroke width transform[C]. Proceedings of IEEE Conference on Computer Vision and Pattern Recognition（CVPR），San Francisco，CA，USA：IEEE Computer Society，2010：2963-2970.

[57] Cao X，Ren W，Zuo W，et al. Scene text deblurring using text-specific multiscale dictionaries[J]. IEEE Transactions on Image Processing（TIP），2015，24（4）：1302-1314.

[58] Pan J，Hu Z，Su Z，et al. L0-regularized intensity and gradient prior for deblurring text images and beyond[J]. IEEE Transactions on Pattern Analysis and Machine Intelligence（TPAMI），2016，39(2)：342-355.

[59] Qi Q，Guo J. Blind Text Images Deblurring based on a Generative Adversarial Network [J]. IET image processing，2019,13：2850-2858.

[60] Snapchat 官方网站. https://www.snapchat.com.

[61] Anwar S，Phuoc Huynh C，Porikli F. Class-specific image deblurring[C]. Proceedings of IEEE International Conference on Computer Vision（ICCV），Santiago，Chile：IEEE Computer Society，2015：495-503.

[62] Pan J，Hu Z，Su Z，et al. Deblurring face images with exemplars[C]. Proceedings of European Conference on Computer Vision（ECCV），Zurich，Switzerland：Springer International Publishing，2014：47-62.

[63] Nishiyama M，Hadid A，Takeshima H，et al. Facial deblur inference using subspace analysis for recognition of blurred faces[J]. IEEE Transactions on Pattern Analysis and Machine Intelligence（TPAMI），2010，33(4)：838-845.

[64] Hacohen Y，Shechtman E，Lischinski D. Deblurring by example using dense correspondence[C]. Proceedings of IEEE International Conference on Computer Vision（CVPR），Sydney，NSW，Australia：IEEE Computer Society，2013：2384-2391.

[65] Huang Y，Yao H，Zhao S，et al. Efficient face image deblurring via robust face salient landmark detection[C]. Pacific Rim Conference on Multimedia，Gwangju，South Korea：Springer International Publishing，2015：13-22.

［66］ Chrysos G，Paolo F，Stefanos Z. Motion deblurring of faces［J］. International Journal of Computer Vision，2019，127，801-823.

［67］ Jin M，Hirsch M，Favaro P. Learning face deblurring fast and wide［C］. Proceedings of IEEE Conference on Computer Vision and Pattern Recognition Workshops (CVPRW)，Salt Lake City，USA：IEEE Computer Society，2018：745-753.

［68］ Shi W，Caballero J，Huszár F，et al. Real-time single image and video super-resolution using an efficient sub-pixel convolutional neural network［C］. Proceedings of IEEE conference on Computer Vision and Pattern Recognition (CVPR)，LAS VEGAS，USA：IEEE Computer Society，2016：1874-1883.

［69］ Chen L C，Papandreou G，Kokkinos I，et al. Deeplab：Semantic image segmentation with deep convolutional nets，atrous convolution，and fully connected crfs［J］. IEEE Transactions on Pattern Analysis and Machine Intelligence (TPAMI)，2017，40(4)：834-848.

［70］ Yu F，Koltun V，Funkhouser T. Dilated residual networks［C］. Proceedings of IEEE International Conference on Computer Vision (CVPR)，Honolulu，USA：IEEE Computer Society，2017：472-480.

［71］ 国际电联无线电通信部门电视图像质量的主观评价方法 ITU-R BT. 500-13.［S］. 2012：18.

［72］ Wang Z，Bovik A C，Sheikh H R，et al. Image quality assessment：from error visibility to structural similarity［J］. IEEE Transactions on Image Processing (TIP)，2004，13(4)：600-612.

［73］ Ephraim Y，Malah D. Speech enhancement using a minimum mean-square error log-spectral amplitude estimator［J］. IEEE Transactions on Acoustics Speech & Signal Processing，1984，32(2)：443-445.

［74］ LeCun Y，Bengio Y，Hinton G. Deep learning［J］. Nature，2015，521(7553)：436-444.

［75］ Levin A，Weiss Y，Durand F，et al. Understanding blind deconvolution algorithms ［J］. IEEE Transactions on Pattern Analysis and Machine Intelligence (TPAMI)，2011，33(12)：2354-2367.

［76］ Shan Q，Jia J，Agarwala A. High-quality motion deblurring from a single image［J］. ACM Transactions on Graphics，2008，27(3)：1-10.

［77］ Ren W，Cao X，Pan J，et al. Image deblurring via enhanced low-rank prior［J］. IEEE Transactions on Image Processing(TIP)，2016，25(7)：3426-3437.

[78] Gupta A, Joshi N, Zitnick C L, et al. Single image deblurring using motion density functions[C]. Proceedings of European Conference on Computer Vision (ECCV), Heraklion, Crete, Greece: Springer International Publishing, 2010: 171-184.

[79] Levin A, Weiss Y, Durand F, et al. Efficient marginal likelihood optimization in blind deconvolution[C]. Proceedings of IEEE Conference on Computer Vision and Pattern Recognition (CVPR), Providence, RI, USA: IEEE Computer Society 2011: 2657-2664.

[80] Sun L, Cho S, Wang J, et al. Edge-based blur kernel estimation using patch priors [C]. IEEE International Conference on Computational Photography (ICCP), Cambridge, MA, USA: IEEE, 2013: 1-8.

[81] Xu X, Sun D, Pan J, et al. Learning to super-resolve blurry face and text images[C]. Proceedings of IEEE international conference on computer vision (ICCV), Venice, Italy: IEEE Computer Society, 2017: 251-260.

[82] Svoboda P, Hradiš M, Maršík L, et al. CNN for license plate motion deblurring[C]. Proceedings of IEEE International Conference on Image Processing (ICIP), Phoenix, AZ, USA: IEEE, 2016: 3832-3836.

[83] Köhler R, Hirsch M, Mohler B, et al. Recording and playback of camera shake: Benchmarking blind deconvolution with a real-world database[C]. Proceedings of European Conference on Computer Vision (ECCV), Florence, Italy: Springer International Publishing, 2012: 27-40.

[84] Lai W S, Huang J B, Hu Z, et al. A comparative study for single image blind deblurring[C]. Proceedings of IEEE Conference on Computer Vision and Pattern Recognition (CVPR), LAS VEGAS, USA: IEEE Computer Society, 2016:1701-1709.

[85] Su S, Delbracio M, Wang J, et al. Deep video deblurring for hand-held cameras[C]. Proceedings of IEEE Conference on Computer Vision and Pattern Recognition (CVPR), Honolulu, USA: IEEE Computer Society, 2017: 237-246.

[86] Liu Z, Luo P, Wang X, et al. Deep learning face attributes in the wild[C]. Proceedings of IEEE International Conference Computer Vision (ICCV), Santiago, Chile: IEEE Computer Society, 2015: 3730-3738.

[87] Boracchi G, Foi A. Modeling the performance of image restoration from motion blur [J]. IEEE Transactions on Image Processing (TIP), 2012, 21(8): 3502-3517.

[88] Le V, Brandt J, Lin Z, et al. Interactive facial feature localization[C]. Proceedings of European Conference on Computer Vision (ECCV), Florence, Italy: Springer Interna-

tional Publishing，2012：679-692.

［89］ Tai Y W，Chen X，Kim S，et al. Nonlinear camera response functions and image de-
blurring：Theoretical analysis and practice［J］. IEEE Transactions on Pattern Analysis
and Machine Intelligence（TPAMI），2013，35（10）：2498-2512.

［90］ Hubel D，Wiesel T. Receptive fields of single neurones in the cat's striate cortex［J］.
Journal of Physiology，1959，148（3）：574-591.

［91］ Fukushima K，Miyake S. Neocognitron：A self-organizing neural network model for a
mechanism of visual pattern recognition［M］. Competition and cooperation in neural
nets. Springer，1982.

［92］ Ruck D，Rogers S，Kabrisky M. Feature selection using a multilayer perceptron［J］.
Journal of Neural Network Computing，1990，2（2）：40-48.

［93］ LeCun Y，Bottou L，Bengio Y. Gradient-based learning applied to document recogni-
tion［J］. Proceedings of the IEEE，1998，86（11）：2278-2324.

［94］ LeCun Y，Cortes C，Burges C J. MNIST handwritten digit database［EB/OL］. http：//
yann. lecun. com/exdb/mnist/.

［95］ Krizhevsky A，Sutskever I，Hinton G E. ImageNet classification with deep convolu-
tional neural networks［C］. Proceedings of Advances in Neural Information Processing
Systems（NIPS），Lake Tahoe，USA：Neural Information Processing Systems，2012：
1097-1105.

［96］ Szegedy C，Liu W，Jia Y，et al. Going deeper with convolutions［C］. Proceedings of
the IEEE conference on Computer Vision and Pattern Recognition（CVPR），Boston，
Massachusetts，USA：IEEE Computer Society，2015：1-9.

［97］ Simonyan K，Zisserman A. Very deep convolutional networks for large-scale image
recognition［C］. Proceedings of International Conference on Learning Representations，
San Diego，USA，2015：1-14.

［98］ Hu J，Shen L，Sun G. Squeeze-and-excitation networks［C］. Proceedings of IEEE
Conference on Computer Vision and Pattern Recognition（CVPR），Salt Lake City，
USA：IEEE Computer Society，2018：7132-7141.

［99］ Dong C，Loy C，He K，et al. Image super-resolution using deep convolutional net-
works［J］. IEEE Transactions on Pattern Analysis and Machine Intelligence（TPA-
MI），2016，38（2）：295-307.

［100］ Dong C，Loy C，He K，et al. Learning a deep convolutional network for image super-
resolution［C］. Proceedings of European Conference on Computer Vision（ECCV），

Zurich, Switzerland: Springer International Publishing, 2014: 184-199.

[101] Zhang Y, Tian Y, Kong Y, et al. Residual dense network for image super-resolution [C]. Proceedings of IEEE Conference on Computer Vision and Pattern Recognition (CVPR), Salt Lake City, USA: IEEE Computer Society, 2018:2472-2481.

[102] Zhang Y, Li K, Li K, et al. Image super-resolution using very deep residual channel attention networks[C]. Proceedings of European Conference on Computer Vision (ECCV), Munich, Germany: Springer International Publishing, 2018:1-15.

[103] Lim B, Son S, Kim H, et al. Enhanced deep residual networks for single image super-resolution[C]. Proceedings of IEEE Conference on Computer Vision and Pattern Recognition Workshop (CVPRW), Honolulu, USA: IEEE Computer Society, 2017: 1-9.

[104] Kokkinos F, Lefkimmiatis S. Iterative residual network for deep joint image demosaicking and denoising[J]. IEEE Transactions on Image Processing (TIP), 2019, 28 (8): 4177-4188.

[105] Zhang H, Patel V M. Densely connected pyramid dehazing network[C]. Proceedings of IEEE Conference on Computer Vision and Pattern Recognition (CVPR), Salt Lake City, USA: IEEE Computer Society, 2018: 3194-3203.

[106] Li C, Guo C, Guo J, et al. PDR-Net: Perception-inspired single image dehazing network with refinement[J]. IEEE Transactions on Multimedia, 2020, 22(3): 704-716.

[107] Ren W, Liu S, Zhang H, et al. Single image dehazing via multi-scale convolutional neural networks[C]. Proceedings of European Conference on Computer Vision (ECCV), Amsterdam, Netherlands: Springer International Publishing, 2016: 154-169.

[108] Li R, Cheong L F, Tan R T. Heavy rain image restoration: Integrating physics model and conditional adversarial learning[C]. Proceedings of IEEE Conference on Computer Vision and Pattern Recognition (CVPR), Long Beach, USA: IEEE Computer Society, 2019: 1633-1642.

[109] Eigen D, Krishnan D, Fergus R. Restoring an image taken through a window covered with dirt or rain[C]. Proceedings of IEEE International Conference on Computer Vision (ICCV), Sydney, NSW, Australia: IEEE Computer Society, 2013: 633-640.

[110] Li C, Guo J, Porikli F, et al. LightenNet: a convolutional neural network for weakly illuminated image enhancement[J]. Pattern Recognition Letters, 2018, 104: 15-22.

[111] Li C, Anwar S, Porikli F, et al. Underwater scene prior inspired deep underwater image and video enhancement[J]. Pattern Recognition, 2020, 98,170926.

[112] Li C, Guo, C, Guo, J. Emerging from water: Underwater image color correction based on weakly supervised color transfer[J]. IEEE Signal Processing Letters,2018, 25(3): 323-327

[113] Yeh R, Chen C, Lim T Y, et al. Semantic image inpainting with perceptual and contextual losses[J]. arXiv preprint arXiv:1607.07539, 2016.

[114] Polyak. Some methods of speeding up the convergence of iteration methods[J]. USSR Computational Mathematics and Mathematical Physics, 1964,4(5):1-17.

[115] Nesterov Y. A method for unconstrained convex minimization problem with the rate of convergence[J]. 1983.

[116] Duchi J, Hazan E, Singer Y. Adaptive Subgradient Methods for Online Learning and Stochastic Optimization [J]. Journal of Machine Learning Research, 2011, 12: 2121-2159.

[117] Zeiler D. ADADELTA: An Adaptive Learning Rate Method[J]. arXiv preprint arXiv:1212.5701, 2012.

[118] Hinton G, Srivastava N, Swersky K. Neural networks for machine learning[EB/OL]. http://www.cs.toronto.edu/~tijmen/csc321/slides/lecture_slides_lec6.pdf.

[119] Kingma D, Ba J. Adam: A method for stochastic optimization[C]. Proceedings of International Conference on Learning Representations, San Diego, USA, 2015.

[120] Sebastian Ruder. An overview of gradient descent optimization algorithms[J]. arXiv preprint, arXiv: 1609.04747, 2016.

[121] Jeffrey Dean, Greg S. Corrado, et al. Large Scale Distributed Deep Networks[J]. NIPS 2012: Neural Information Processing Systems, 2012,1-11.

[122] Rosenblatt F. The perceptron: a probabilistic model for information storage and organization in the brain[J]. Psychological review, 1958, 65(6):386.

[123] Zeiler D, Fergus R. Visualizing and Understanding Convolutional Networks[J]. arXiv preprint arXiv:1311.2901, 2013.

[124] Hilbert David, Cohn vossen Stephan. Geometry and the imagination[M] 2nd. New York: Chelsea, 1952.

[125] Han J, Moraga C. The influence of the sigmoid function parameters on the Speed of back propagation learning [C]. International workshop on artificial neural networks. Berlin, Heidel beng: Springer Berlin Heidelberg, 1995:195-201.

[126] Glorot X, Bordes A, Bengio Y. Deep sparse rectifier neural networks[C]. International Conference on Artificial Intelligence and Statistics. Fort Lauderdale: Journal of

Machine Learning Research，2011：315-323.

[127] Maas A，Hannun A，Ng A. Reetifier nonlinearities improve neural network acoustic models[C]. Proc IeMl，2013，30(1)：3.

[128] He K，Zhang X，Ren S，et al. Delving deep into rectifiers：surpassing human level performance on ImageNet classification[J]. International Conference on Computer Vision，2015：1026-1034

[129] Zhao H，Gallo O，Frosio I，et al Loss functions for image restoration with neural networks [J]. IEEE Transactions on Computational Imaging（TCI），2017，3（1）：47-57.

[130] Attwell D，laughlin S B. An energy budget for signaling in the grey matter of the brain[J]. Journal of Corebral Blod Flow & Metabolism，2001，21(10)：1133-1145.

[131] LeCun Y，Boser B，Denker J S，et al. Backpropagation applied to handwritten zip code recognition. Neural computation，1989.

[132] Lecun Y，Bottou L，Bengio Y，et al. Gradient-based learning applied to document recognition[J]. Proceedings of the IEEE，1998，86(11)：2278-2324.

[133] Huang G，Liu Z，Van Der Maaten L，et al. Densely connected convolutional networks[C]. Proceedings of IEEE Conference on Computer Vision and Pattern Recognition（CVPR），Honolulu，USA：IEEE Computer Society，2017：4700-4708.

[134] Szegedy C，Liu W，Jia Y，et al. Going deeper with convolutions[J]. arXiv preprint arXiv：1409. 4842v1，2014.

[135] Ioffe S，Szegedy C. Batch Normalization：Accelerating Deep Network Training by Reducing Internal Covariate Shift[J]. arXiv preprint arXiv：1502. 03167v3，2015.

[136] Szegedy C，Vanhoucke V，Ioffe S，et al. Rethinking the Inception Architecture for Computer Vision[J]. arXiv preprint arXiv：1512. 00567v3，2015.

[137] Szegedy C，Ioffe S，Vanhoucke V，et al. Inception-v4，Inception-ResNet and the Impact of Residual Connections on Learning [J]. arXiv preprint arXiv：1602. 07261v2，2016.

[138] 郭鹏，杨晓琴.博弈论与纳什均衡[J].哈尔滨师范大学自然科学学报，2006，22(4)：25-28.

[139] Radford A，Metz L，Chintala S. Unsupervised representation learning with deep convolutional generative adversarial networks [J]. arXiv preprint arXiv：1511. 06434，2015.

[140] Arjovsky M，Chintala S，Bottou L. Wasserstein Generative Adversarial Networks

〔C〕. Proceedings of the 34th International Conference on Machine Learning, Sydney, AUSTRALIA, 2017: 214-223.

[141] Gulrajani I, Ahmed F, Arjovsky M, et al. Improved training of wasserstein GANs 〔C〕. Proceedings of the Advances in Neural Information Processing Systems (NIPS), Long Beach, USA: Neural Information Processing Systems, 2017: 5767-5777.

[142] Choi Y, Choi M, Kim M, et al. Stargan: Unified generative adversarial networks for multi-domain image-to-image translation〔C〕. Proceedings of IEEE Conference on Computer Vision and Pattern Recognition (CVPR). Salt Lake City, USA: IEEE Computer Society, 2018: 8789-8797.

[143] Gatys L A, Ecker A S, Bethge M. Image style transfer using convolutional neural networks〔C〕. Proceedings of IEEE conference on Computer Vision and Pattern Recognition (CVPR), LAS VEGAS, USA: IEEE Computer Society, 2016: 2414-2423.

[144] Denton E L, Chintala S, Fergus R. Deep generative image models using a laplacian pyramid of adversarial networks〔C〕. Proceedings of Advances in Neural Information Processing Systems (NIPS), Montréal CANADA: Neural Information Processing Systems, 2015: 1486-1494.

[145] Ledig C, Theis L, Huszár F, et al. Photo-realistic single image super-resolution using a generative adversarial network〔C〕. Proceedings of IEEE Conference on Computer Vision and Pattern Recognition (CVPR), Honolulu, USA: IEEE Computer Society, 2017: 4681-4690.

[146] Wang X, Yu K, Wu S, et al. ESRGAN: Enhanced super-resolution generative adversarial networks〔C〕. Proceedings of European Conference on Computer Vision Workshop (ECCVW), Munich, Germany: Springer International Publishing, 2018: 1-16.

[147] Ronneberger O, Fischer P, Brox T. U-Net: Convolutional networks for biomedical image segmentation〔C〕. International Conference on Medical image computing and computer-assisted intervention (MICCAI), Munich, Germany: Springer International Publishing, 2015: 234-241.

[148] Mao X, Shen C, Yang Y B. Image restoration using very deep convolutional encoder-decoder networks with symmetric skip connections〔C〕. Proceedings of Advances in Neural Information Processing Systems (NIPS), Barcelona, Spain: Neural Information Processing Systems, 2016: 2802-2810.

[149] Ulyanov D, Vedaldi A, Lempitsky V. Instance normalization: The missing ingredient for fast stylization[J]. arXiv preprint arXiv:1607.08022, 2016.

[150] Alom M Z, Hasan M, Yakopcic C, et al. Recurrent residual convolutional neural network based on U-Net (R2U-Net) for Medical Image Segmentation[J]. arXiv preprint arXiv:1802.06955, 2018.

[151] Johnson J, Alahi A, Fei-Fei L. Perceptual losses for real-time style transfer and super-resolution[C]. Proceedings of European Conference on Computer Vision (ECCV), Amsterdam, Netherlands: Springer International Publishing, 2016: 694-711.

[152] Wen F, Ying R, Liu P, et al. Blind image deblurring using patch-wise minimal pixels regularization[J]. arXiv preprint arXiv: 1906.06642, 2019.

[153] Zhong L, Cho S, Metaxas D, et al. Handling noise in single image deblurring using directional filters[C]. Proceedings of IEEE Conference on Computer Vision and Pattern Recognition (CVPR), Portland, USA: IEEE Computer Society, 2013: 612-619.

[154] Pytorch 官方网站. https://pytorch.org/

[155] Nuno-Maganda M, Arias-Estrada M. Real-time FPGA-based architecture for bicubic interpolation: an application for digital image scaling[C]. International Conference on Reconfigurable Computing & Fpgas. Puebla City, Mexico: IEEE Computer Society, 2005:1-8.

[156] Krishnan D, Tay T, Fergus R. Blind deconvolution using a normalized sparsity measure[C]. Proceedings of IEEE Conference on Computer Vision and Pattern Recognition (CVPR), Providence, RI, USA: IEEE Computer Society, 2011:233-240.

[157] Mustaniemi J, Kannala J, Sarkka S, et al. Gyroscope-aided motion deblurring with deep networks[C]. Proceedings of IEEE Conference on Computer Vision and Pattern Recognition (CVPR), Waikoloa Village, USA: IEEE Computer Society, 2018.

[158] Ran X, Farvardin N. A perceptually motivated threecomponent image model-part i: description of the model[J]. IEEE Transactions on Image Processing, 1995, 4(4): 401-415.

[159] Joshi N, Szeliski R, Kriegman D J. PSF estimation using sharp edge prediction[C]. Proceedings of IEEE Conference on Computer Vision and Pattern Recognition (CVPR), Anchorage, AK, USA: IEEE, 2008.

[160] Pan J, Liu R, Su Z, et al. Kernel estimation from salient structure for robust motion deblurring[J]. Signal Processing: Image Communication, 2013, 28(9):1156-1170.

［161］ Chien Y. Pattern classification and scene analysis［J］. IEEE Transactions on Automatic Control，1974，19（4），462−463.

［162］ Canny J. A computational approach to edge detection［J］. IEEE Transactions on Pattern Analysis and Machine Intelligence，1986，（6）：679−698.

［163］ Deng J，Dong W，Socher R，et al. Imagenet：A large-scale hierarchical image database［C］. Proceedings of IEEE Conference on Computer Vision and Pattern Recognition (CVPR)，Miami，USA：IEEE Computer Society，2009：248−255.

［164］ QI Q. Image fine-graineal for now-uniform scenes desuirrings［C］. Artif. Intell. Commun. Netw. 101(11)，AICON 2021，LNIC 87 397.

［165］ Dauphin Y N，Pascanu R，Gulcehre C，et al. Identifying and attacking the saddle point problem in high-dimensional non-convex optimixation［J］. Advances in neural information processing systems，2014，27.

［166］ Arora S，Bhaskara A，Ge R，et al. Provable bounds for learning some deep representations ［C］. International conference on machine learning. PMLR，2014：584−592.